JN188720

保護犬と、保護猫と。

必然の出会いで結ばれた物語

今西乃子 著　浜田一男 写真

WAVE出版

プロローグ 犬に魅せられて

小さい頃から犬が好きだった。動物ではなく特別〝犬〟が好きだったのだ。あまりにも犬が好きなので、いつしか〝犬〟という文字にさえ、私は大きな愛着心やときめきを感じるようになっていた。

例えば、私が住んでいる千葉県。私は元々この地に住んでいたわけではない。結婚したダンナが千葉県生まれ千葉県育ちで、独身時代にローンを組み、房総半島の入り口に家を建てていたため、仕方なく住み始めたのがきっかけだった。

ところが、住んでみると坂道は少ないし、大好きな魚も地元のものが安く手軽に手に入るし、海も近くて環境は抜群！　今でいう「トカイナカ（都会と田舎の中間）」というやつで、仕事で東京に行くのもさほど不自由さを感じない。知らず知らずのうちに、千葉っ子のダンナより千葉が大好きになっていた。

そして何より気に入ったのは、千葉県のゆるキャラが犬の〝チーバくん〟だったこと。さらに、初日の出の名所で有名な〝犬吠埼〟や、曲亭馬琴の〝南総里見八犬伝〟といった、犬との繋がりが深い場所に住んでいると思うだけで、「ああ、千葉はいいところだなあ」「私にとって縁起のいい場所だなあ」と、思うようになった。

ちなみに私は生粋の関西人だが、今では千葉が日本一いい場所だと思っている。意識したわけではないが、ダンナも戌年生まれだ（笑）。

そんなわけで、互いに幼少期に犬を飼った経験がある私たち夫婦は、結婚後に犬を飼おうということになった。

さて、どこから犬を迎えるか――？

私たちが子どもの頃は、近所で生まれた犬を譲り受けるというのが一般的だったが、長らく犬と暮らしたことがなかった我々夫婦は、ペットショップでコーギーの子犬を購入することにしたのである。

〝蘭丸〟と名付けられた彼は、寝食をともにする可愛い家族となった。一緒にいればいるほど可愛くて、愛しくて、こんな素敵な生き物を神様はよくこの世の中につくってくれたものだと、心底神様に感謝したくなる。

犬は私にとって、そんな生き物だった。

子犬の蘭丸を迎え、ワクチンを終えてお散歩デビューするようになると、近くの空き地や河原に捨てられた犬をちらほら見かけるようになった。

野犬も多くいたが、あきらかに捨てられたとわかる犬もいる。その姿はあまりにも悲しく、犬が好きな私にとっては見るに耐えない光景だった。

どうして、飼い主は自分の犬を平気で捨てることができるのか——?

世話が面倒、飽きた、金がかかる、引っ越しをする、などの理由だろうが、生きているものを壊れたり不要になったりしたおもちゃのように、なぜ簡単に捨てることができるのか……。

この子たちは、いったいどうなってしまうのだろう……。

調べてみると〝野犬や捨てられた犬は動物愛護センターに送られ、新しい飼い主が見つからなければ、殺処分される〟ということがわかった。犬好きといえども、ペットショップやブリーダーなどから犬を迎えた人にとって、動物愛護センターという施設は、ほとんど馴染みがない。

今でも「動物愛護センターって何をするところ?」と聞く犬友達もいるくらいだから、蘭丸を迎えた2000年当時はなおさらだった。

動物愛護センターというのは、すべての都道府県にあり〝愛護〟と〝管理〟、２つの業務を担っている行政施設だ。

〝愛護業務〟はその名の通り、犬や猫と人間が上手に共存するための仕事のこと。動物愛護センターに収容された犬や猫の新たな飼い主探しや、しつけに対する相談やアドバイス、動物愛護啓発普及活動を主に担っている。

一方〝管理業務〟は、狂犬病予防法に基づき、飼い主のいない犬や野犬の捕獲、収容、処分。また飼い主らによって持ち込まれた犬や猫の収容、殺処分を行う仕事のことをいう。

日本では狂犬病予防法があるため、飼い主がいない犬は、行政が捕獲し対処しなければならない（猫は狂犬病予防法が適用されないので捕獲はされない）。

つまり、飼い主がいない犬は幸せにはなれない、ということだ。

もちろん動物愛護センターでは、今も当時も収容された犬や猫の飼い主探しを熱心に行っているが、２０００年当時は収容される犬や猫が後を絶たず、年間50万頭以上の犬・猫が殺処分されるという由々しき事態に陥っていた。

しかし、そんな絶望的と思われる中にも一縷の望みがあった。

当時、動物愛護センターでは、ボランティアが殺処分対象の犬や猫をセンターから引き取り、自宅で保護しながら新しい飼い主探しを行う保護ボランティア活動が注目され始めていたからである。その頃、私は〝保護犬・保護猫〟という存在を初めて知った。

〝命を捨てるのも人間だが、命を救うのもまた、人間でしかない〟

命のセカンドチャンス――。こうして私は保護犬や保護猫に大きな興味を抱き、彼らの命の可能性と向き合う中で、自分の生き方をも変える様々なドラマに巡り合うこととなったのである。

目次

エピソードⅢ　ヒロシ先生の動物病院劇場

エピソードⅣ　野良犬狂騒曲

エピソードⅤ　保護犬が仕組んだ結婚

エピソードVI 猫が選んだ人

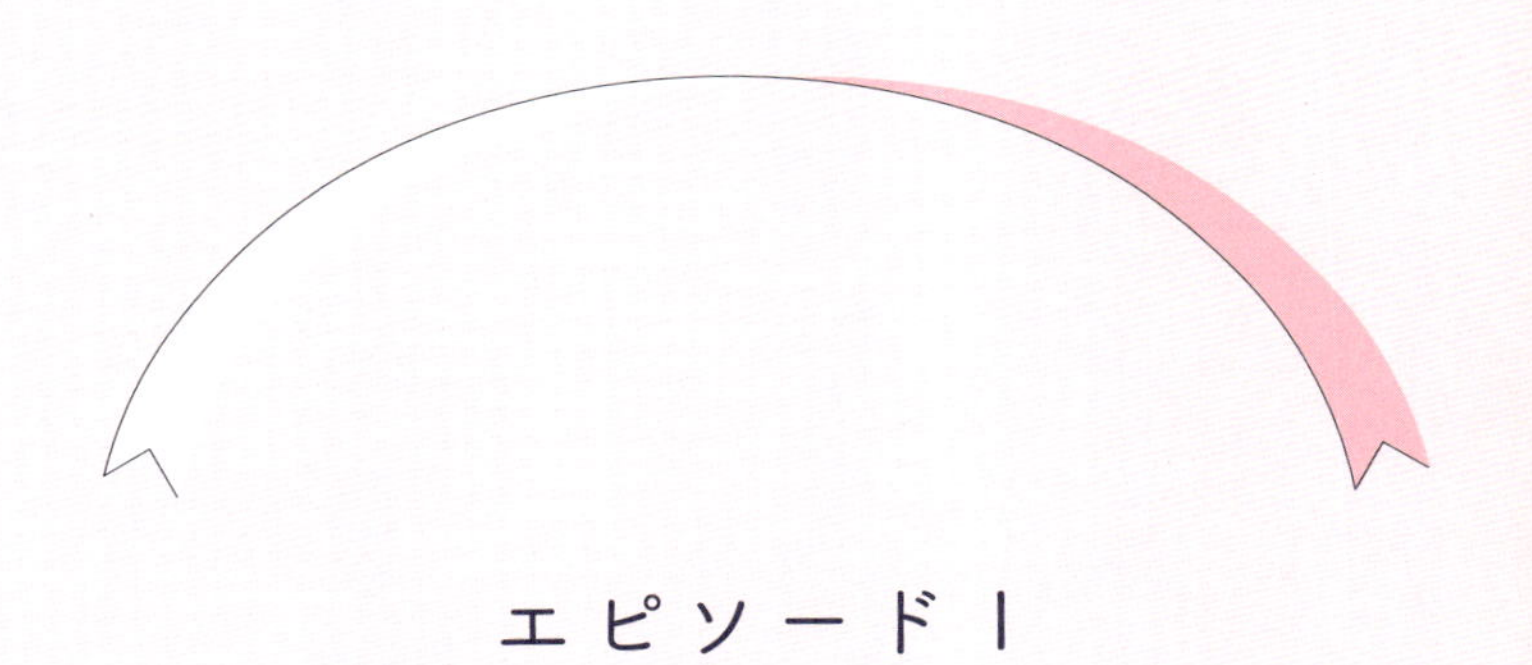

エピソード1

少年院での出会い

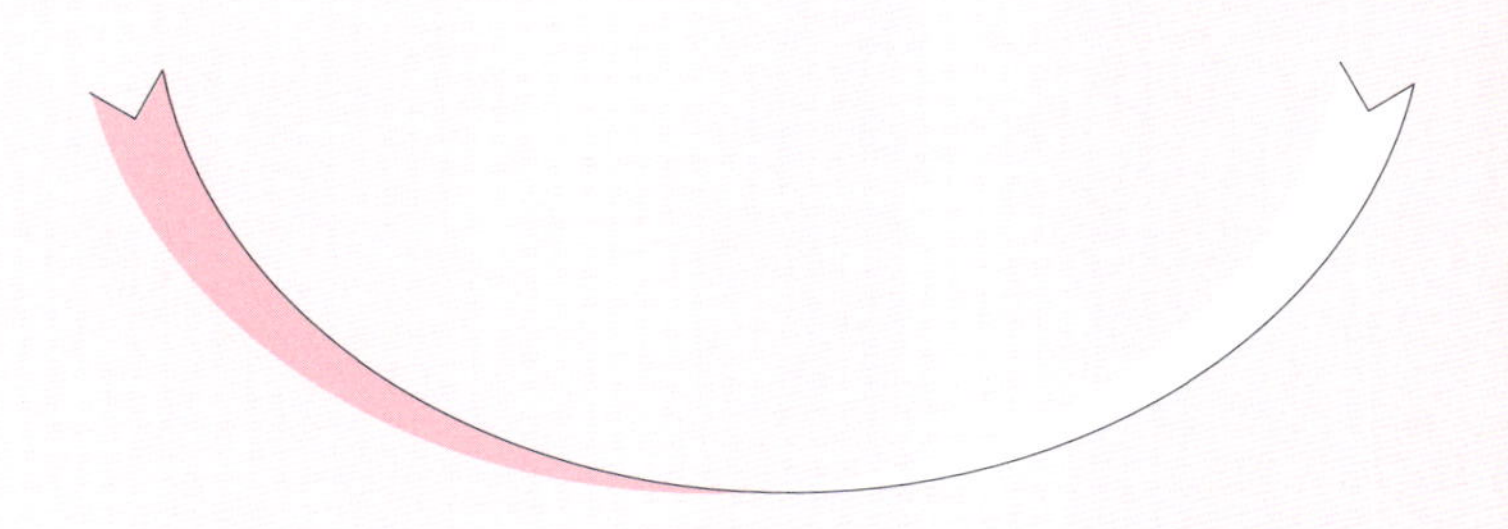

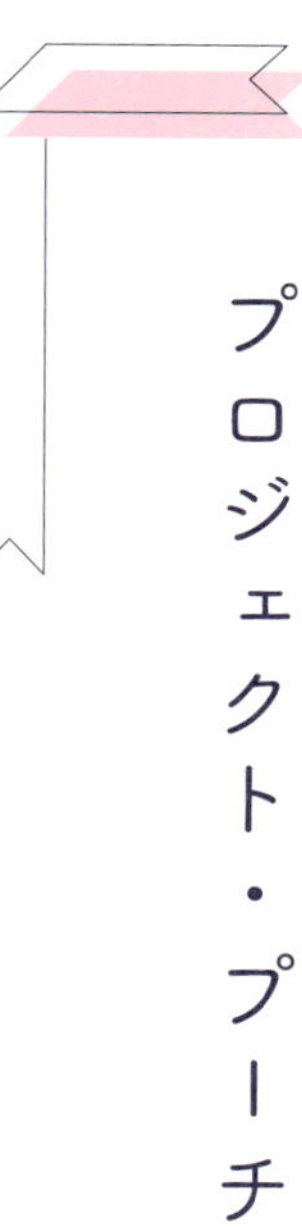

プロジェクト・プーチ

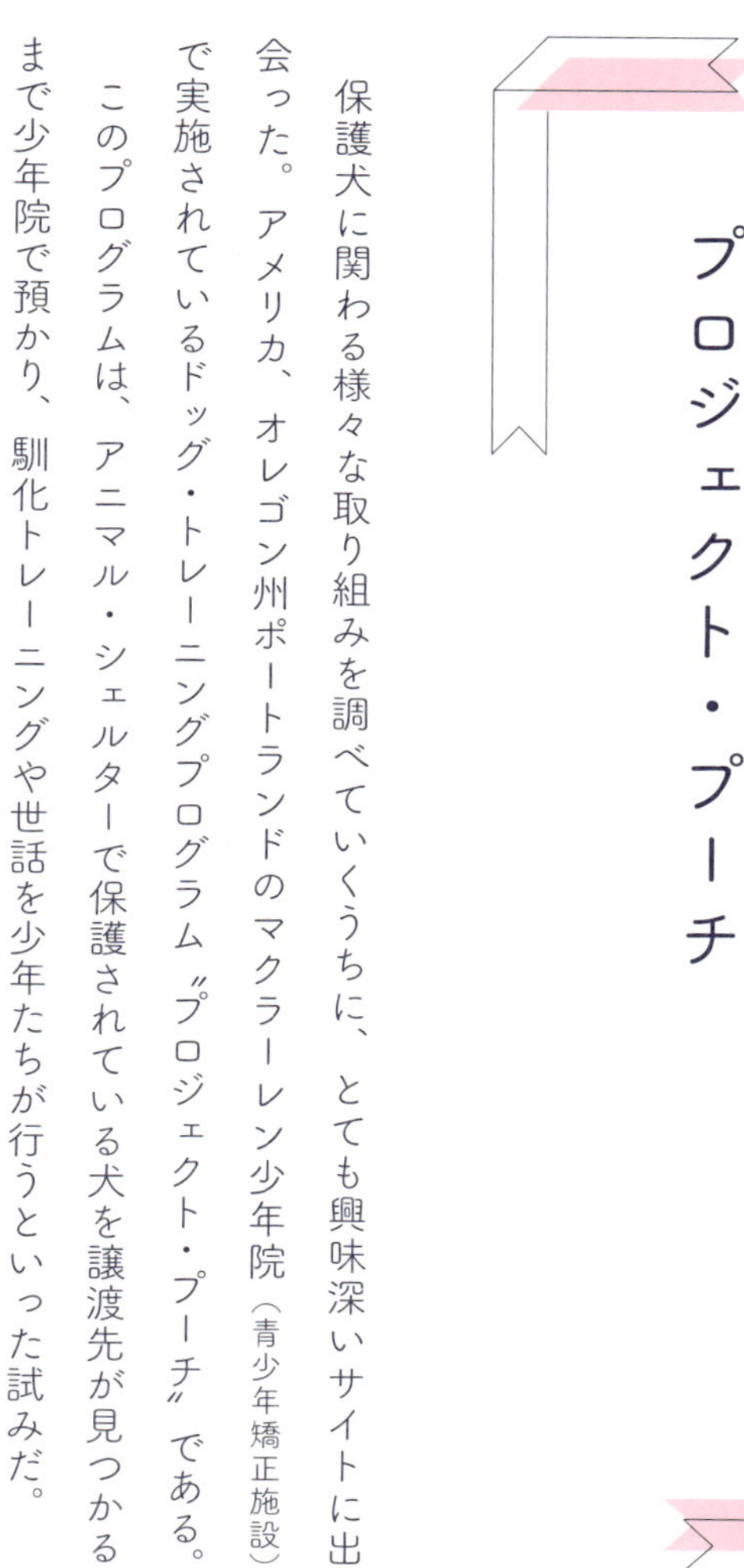

保護犬に関わる様々な取り組みを調べていくうちに、とても興味深いサイトに出会った。アメリカ、オレゴン州ポートランドのマクラーレン少年院（青少年矯正施設）で実施されているドッグ・トレーニングプログラム〝プロジェクト・プーチ〟である。

このプログラムは、アニマル・シェルターで保護されている犬を譲渡先が見つかるまで少年院で預かり、馴化トレーニングや世話を少年たちが行うといった試みだ。

このサイトを見つけた2002年当時、私は子ども向けの本を書く作家として、ようやくデビュー作を出したばかりだった。
今では幼児や小学校低学年向けの小説や童話も積極的に手掛けているが、当時、私が手掛けたいと思っていたのは、小学校高学年や中学生を対象とした社会派のノンフィクション作品だった。大好きな犬と少年という組み合わせの矯正プログラムは、まさに私が求めていたノンフィクション作品のテーマとなるはず。そう感じた私は、すぐにプロジェクト・プーチの代表を務めていたジョアン・ダルトンに連絡を取り、取材を願い出た。

プロジェクト・プーチのプログラムは次の通り。

- 提携先の保護施設〝ドッグ・シェルター〟にジョアンが出向き、保護犬の動画を撮影する
↓
- 少年院で、このプログラムに登録している少年たちが、自分が世話したい犬を

動画の中から選ぶ

←

- 保護施設から少年院に、少年たちが選んだ犬がやってくる

←

- 少年たちは、自分が選んだ犬の担当となり、給餌や掃除、散歩など、すべての世話を担い、新しい飼い主が見つかるまで責任をもって面倒を見る

←

- 譲渡の話が入れば、担当者として、犬の性格や特徴などを譲渡希望者に伝えるため、面接にも同席する

←

- 譲渡が成立すれば、再び別の犬の担当となる

2002年4月、私はカメラマンのダンナとともに、プロジェクト・プーチがあるアメリカ・ポートランドへ向かうこととなった。

ポートランド空港ではジョアンが出迎えてくれる予定なのだが、私たちはお互いの顔を知らない。大きな空港でジョアンを見つけることは困難だ。すると、彼女からこんなメールが届いた。

『赤いレインコートと赤い帽子を着用して立っているから、それを目印に声をかけて！』

■プロジェクト・プーチで犬と接するジョアン

まだ会ったことはないが、なんともユニークな女性だ。

その言葉どおり、真っ赤なレインコートと帽子に身を包んだ姿は、誰よりも目立っていて、すぐに彼女だとわかった。日本人なら周囲の目が気になってとてもじゃないが真似できない。私は苦手な英語を駆使しながら、ジョアンに心から感謝の気持ちを伝えた。

彼女の年齢は不明だが、ふとした会話の中から察するに、私より一回りほど年上のようだ。アメリカ人にしてはとても小柄で、愛くるしい。その小さな体にどれほどのパワーがあるのかと思うほど、彼女のプロジェクト・プーチに対する熱意は大きかった。

空港から私たちが宿泊するダウンタウンのホテルまでの道のりで、ジョアンはハンドルを握りながら、プロジェクト・プーチ設立までの経緯を熱く語ってくれた。

社会人のほとんどの時間を教育者として過ごしてきたジョアンが、ポートランドのダウンタウンから30㎞ほど離れたウッドバーンにあるマクラーレン少年院内の学校に勤め始めたのは1990年頃のこと。

「日本でも同じだと思いますが、少年院に来る子どもたちの多くは複雑な家庭環境にあり、学校に通っておらず、勉強もほとんどしていません。そのため、私が勤めている院内の学校は、子どもたちが社会復帰した時に困らない程度の学力をつけ、高卒の学歴をとらせることを目的としています。ですが、私はずっとそれだけでは足りないと感じていました。親から愛情を受けず、社会から虐げられて生きてきた彼らが勉強だけをしても、また退院後に同じことを繰り返してしまうでしょう。親に構ってもらえず、人間不信に陥り、『どうせ、自分はだめな人間だ』と決めつけてしまっている彼らが人として一番大切な心を取り戻すために不可欠なものは、〝自分は誰かから必要とされる存在なんだ〟と実感できる経験を重ねることなのです。そこで、私はアニマル・シェルターから犬を引き取り、彼らに世話をさせたらどうだろうと思いつきました。世話をしていく中で、人として大切なことを学ぶことができるんじゃないかと……」

少年院内の高校の管理者で、プログラムの創設者である彼女は、犬が大好きで、自身も保護犬を飼っていたことから、このプログラムを少年院という矯正施設で取り入れたと言う。その愛犬サシャも、心ない飼い主から捨てられアニマル・シェルターで命の危機にさらされていたところを彼女が保護した犬だ。

マクラーレン少年院の敷地内での散歩風景

取材を進める中で最も感銘を受けたのは、ジョアンが犬を矯正プログラムの道具として扱っていないこと。少年と犬、どちらか一方がプロジェクトの恩恵を享受するのではなく、双方が光ある未来に向かって歩き出すことが大切だと考えているところに、私は強く心が揺さぶられた。

少年たちのためにも、犬たちのためにも、この矯正プログラムを必ず成功させよう。そう決心し、彼女が少年院の敷地内にプロジェクト・プーチのオフィスを兼ねた犬舎を建てたのは1993年のこと。建設や準備にかかる費用は、彼女自身の資金と寄付から賄い、近くのアニマル・シェルターから1頭の犬を引き取って、一人の少年が犬の世話をするところからプロジェクトは始まった。

最初の3年間、彼女はほとんど休むことなく、毎日働いた。そうまでして頑張って

■マクラーレン少年院

こられたのは、光に向かって変わっていく犬と少年たちの姿があったからだという。

　助手席で私は手帳にペンを走らせ、ドキドキしながら話を聞いていた。空港からホテルへの道のりはあっという間だった。長旅の疲れや時差ぼけを微塵も感じないほど、彼女の話に感じ入っていたのである。

　時刻はすでに夕刻過ぎ。明日からの取材に備え、私たちは早々にホテルにチェックインして休むことにした。

　翌朝、ホテルに迎えに来てくれたジョアンとともに、私は初めてマクラーレン少年院に足を踏み入れた。

　カギのかかったドアをいくつか通り抜けると、開放的な広場に芝生が一面広がっており、春の日差しとそよ風を受けて、青々と茂った木々が気持ちよさそうに葉っぱを揺らしていた。

午前中、ジョアンに犬舎と事務所を案内してもらい、プロジェクト・プーチについて一通り取材して撮影を終えた私たちは、敷地内にある食堂で、少年たちと一緒にランチを取りながら、彼らの話を聞くことになった。

少年たちは実にフレンドリーで礼儀正しく、異国から来た私たちを気遣ってくれた。私のひどい英語でのインタビューにも根気よく耳を傾け、丁寧にゆっくりと返事をしてくれる姿がとても印象的だった。

ペアの犬と佇むクリス

その中の一人であるクリスは、飼い主から虐待を受けていた〝ジンジャー〟という犬を引き取った。ジンジャーは人間不信で怯えきり、とても手に負える状態ではなかったが、彼は数多くいる犬の中から、わざわざ深いトラウマを持つジンジャーを引き取って世話をしたいと申し出たという。

クリスは、その理由をこう話した。

「信頼っていうのは、失うのは簡単だけど、取り戻すのは簡単じゃない。ジンジャーの気持ちが、俺には手に取るようにわかるんです。僕も子どもの頃、親に無視されてたから……。悲しくて、毎日泣いていました。泣きつかれてもほかに行くところがないから家に帰るけど、誰も心配してくれない。ジンジャーも同じです。俺と同じ。いや、こいつの方がかわいそうかな。鎖で繋がれて、水も自由に飲めなかったのかもしれない……。でも俺は、水だけは飲めたからな！　蛇口ひねったら『出てきたー』って！」

大いに皮肉を込めて、彼は豪快に笑ってみせた。

プロジェクト・プーチにやってきたばかりの頃、ジンジャーは、クリスが近づくと近づいた分、後ずさりして常に人と一定の距離を置いていた。しかしクリスはそれ以上無理に近寄ろうとせず、ひたすら優しい言葉をかけ続けたそうだ。

やがてジンジャーはクリスを見ても後ずさりしなくなり、クリスを見ると弱々しくもシッポを振るようになった。ジンジャーはクリスの溢れんばかりの愛情を受けて、少しずつ変わっていったのだ。

そしてそのシッポは日ごとに大きく揺れるようになり、いつしかクリスを見ると全身で喜びを表すようになっていった。クリスのおかげで心が回復したジンジャーは、その後、元気に新しい飼い主のもとへ旅立っていったという。クリスの寄り添う心がジンジャーを変えたのだ。


しかし、クリスはこんなことを言った。

「俺は、ジンジャーのトレーナーだけど、ジンジャーもまた俺の先生だ。〝責任〟と〝信頼〟っていう、親でも教えてくれなかった大切なことを、言葉も使わず教えてくれたんだからな」

自分と同じ境遇にいた犬に共感し、人間不信に陥っていたジンジャーを率先して選び、育てた彼の話を聞くと、ジンジャーの世話を開始する前に、すでにプログラムの成果は表れていたのかもしれない。

クリスの豊かな想像力と共感力がジンジャーの命を救い、その命を救うことで、ジンジャーだけでなくクリス自身をも更生へと導くことができたのだと思う。

日本でもアメリカでもどこでも、多くの保護犬は捨て犬や野犬のため、クリスの言うとおり、虐待や適切な世話を受けられないネグレクトを経験し、人間不信に陥っている。同じ犬でも、ペットショップやブリーダーから購入した犬とはまるで別の生き物だ。

例えば、犬なら当たり前にできる散歩が怖くてできない、人前では食事をとることができない、咬む、逃げるなど、トラウマが原因で様々な問題を抱えている犬も少なくない。

それらの犬を少年院の少年が世話をするのだが、世話を担う少年たちもまた犬と同じで多くがトラウマを負っている。

この時出会った21歳の青年、ネートも例外ではない。

ネートの母親は薬物依存症で、家庭は崩壊。ネグレクト状態の中で育った彼は、自分自身に価値を見出せず、悪い仲間と付き合うようになり、麻薬売買や暴行等の罪で逮捕され、約6年の収容期間を言い渡されてこの少年院で過ごしていた。

ジョアンの勧めで、プロジェクト・プーチのプログラムに参加したが、ネートは短気な性格で、気に入らないことがあると、すぐ苛立ちを表に出し、怒りを露わにする青年だった。頭の回転が速い分、気が合わない相手や、型にはまったルールに対する嫌悪感も人一倍大きい。しかし、自分以外の人と付き合っていくためには、我慢と相手を理解しようとする努力が必要だ。その相手というのが今は〝犬〟なのである。

最初は渋々プログラムに関わったネートだったが、捨てられた犬たちと接していくうちに、彼も徐々に変わっていった。

■ペアの犬を抱きしめるネート

捨て犬と自分の境遇は似ている――。

クリスやネートだけでなく、ここにいる少年たちがシェルターからやってきた犬を見て感じることは、自分と同じ境遇だという仲間意識だ。

しかし人間同士と違い、そこには〝世話をするもの〟と〝世話をされるもの〟という立場の違いが明らかに存在する。つまり犬という生き物は、自分が世話をしないと食事もできないし、散歩もいけないし、生きてもいけない。そういう犬という存在を通し、少年たちは、命を預かった責任に初めて向き合うこととなる。

その責任感が犬たちの世話やトレーニングに表れるようになると、やがて頑なな態度だった犬たちも徐々に少年たちに心を開き、シッポを振るようになる。さらに時間をかけ、根気よく世話を続けていくうちに、犬は少年に大きな信頼を寄せていくようになる。そして日に日に、犬は誰よりも少年を待ち望み、誰よりも真っ先に駆け寄り、シッポをちぎれんばかりに振るようになるのだ。

■犬を訓練するマクラーレン少年院の少年

やがて、少年たちは気づく。

これまで社会から厄介者という目で見られてきた自分を心から受け入れてくれる存在が目の前にいる。彼らは自分たちを〝犯罪者〟という色眼鏡では決して見ない。愛情を注げば注いだだけ、犬は必ず返してくれる、と。

犬が欲しているものはただ一つ。世話をする者の愛だけだ。彼らが求める愛に条件などない。求めているのは、まさに無条件の愛なのである。

その姿に、少年たちは「自分を必要としてくれる存在が間違いなくいる」と確信し、自らが救われていくような気持ちになるのである。

犬たちと過ごす日々の中で、やがて、罪を犯した少年たちの心から「自分は社会の厄介者だ」という自己否定感や自己嫌悪感は薄れ、「自分のような人間でも誰かを救

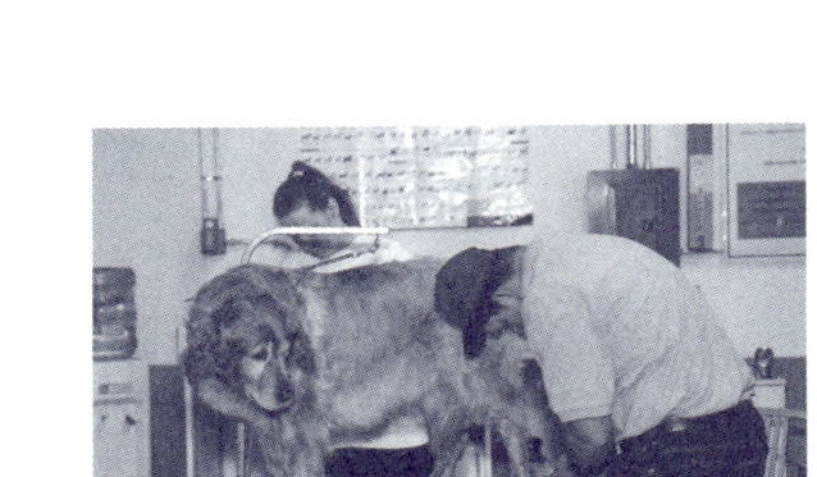
少年院内でトリミングを行う少年

い、誰かを幸せにできる」という自己肯定感が生まれる。
犬たちの無条件の愛が、少年たちの心を確実に掴み、その愛に心から応えたいと少年たちも惜しみない愛を捨て犬たちに注ぐ。この相乗効果が犬と少年、双方に大きな光を与え、互いが新たな出発点を見つけて社会に戻っていく――。
まさに保護犬だからこそ成しえる魔法の矯正プログラムだといえるだろう。

誰かを救うことは、自分を救うこと――。

この気づきを得られた少年は、今後、誰かを傷つける行為には走らないはずだ。なぜなら〝誰かを救うことが自分を救うこと〟になるのなら、〝誰かを傷つけることは、自分を傷つけること〟になるのだから……。

ネートの変化

最初は乗り気でなかったネートに決定的な変化をもたらしたのは、彼が担当していた1頭の犬、ティリーを譲り受けたリーバマン一家との出会いだった。

リーバマン家には、ジョーダンという10歳の子どもがいたのだが、ジョーダンは発達障害のため、人とのコミュニケーションが困難だった。

母親のリサは、そんな息子のために犬を譲り受けたいと、プロジェクト・プーチを訪れた。

犬を譲り受ける家族は〝犬とのお見合い〟をはじめ、トレーニングや譲渡手続きの

笑顔を見せるティリー

ために、何度も少年院に足を運ばなければならない。その際、犬の世話を担当している少年も同席するため、ティリーを譲り受けたいと申し出たリーバマン家の面接にはネートも同席した。もちろんジョーダンも一緒だ。

ネートは、リーバマン一家が息子のジョーダンのためにティリーを迎えたいということを知っていたので、ティリーのことを話す時は、いつもジョーダンに向かって話しかけた。

「犬を飼うのは初めて?」

「……う、…うん……」

「ティリーは、すっごく元気な犬だよ」

「…………」

ジョーダンはあまり人の目を見て話すことができず、他人と会話をするのが難しい。それでも、ネートはジョーダンに対して決して苛立ちを見せることなく、いつも笑顔で接していた。

「じゃあ、ドッグランで一緒にティリーと走ってみる？」

「……」

ネートに促されてジョーダンが無言でドッグランについていくと、ネートは、ジョーダンにボールを渡しながら言った。

「ティリーがボール投げてって言ってるよ！　ほら、投げてみて！」

ティリーがネートを見上げ、思い切りシッポを振っている。

ネートに言われてジョーダンがポンっとボールを投げると、ティリーがボールを追いかけ、キャッチし、それをくわえて戻って来た。

「ほらね！　もう一度！」

ティリーが「早く投げて！」と言わんばかりにシッポを振っている。ジョーダンが少しはにかみながらボールを投げると、ティリーは大喜びで、ボールめがけて走った。

何度も繰り返していくうちに、やがて無表情だったジョーダンの顔が笑顔に変わ

り、二人はティリーと一緒にドッグランの中を笑いながら走り回るようになった。

この姿に一番驚いたのは、ジョーダンの母親とジョアンだった。

ジョーダンは、これまで人見知りが激しく、人前で笑ったり、一緒に遊んだりすることがほとんどなかった。

ジョアンも、短気ですぐに怒るネートがジョーダンと上手くコミュニケーションが取れるとは考えていなかったのだ。

それからも、二人はティリーとともに、少年院の中で同じ時間を何度か過ごし、その後、ティリーはリーバマン家へ正式譲渡された。

それからしばらくして、リーバマン家から「ティリーの元気がよすぎて、なかなかいうことをきかず、ジョーダンが手を焼いている」という連絡がジョアンのもとに入った。

ジョアンが、ネートにこのことを伝えると、ネートは、少年院の中からジョーダンに向けてこんな手紙を送ったそうだ。

『ジョーダン、元気かな？

君がティリーを可愛がってくれていることは、ダルトン先生から聞いて知っているよ。

僕が君と初めて会った時、僕は、ティリーが君の妹になってくれたらすごくいいなって思った。ティリーは君のことが大好きだ。僕にはわかる！　ティリーの気持ちがすべてわかるんだよ。

ただジョーダン、これだけは覚えておいてくれ。気にくわないやつに一発くれてやることは簡単さ。誰にでもできる。でも、誰かを褒めるってことは難しいんだなあ……。誰にでもできることじゃない。だからさ、たとえティリーがいたずらっ子でも、わがままでも、もう少し時間をやってくれ。そうすれば、君とティリーはきっと上手くいく』

この手紙をきっかけに、少年院の壁を隔てた二人の文通が始まった。

ジョーダンへのネートの手紙は、回数を重ねるごとに劇的な人間的成長が見て取れた。我慢、責任、愛、思いやりといった言葉が頻繁に飛び交うようになったのである。

こうした手紙のやりとりが続いたある日、ネートはジョアンに「ティリーのトレーニングをもう一度やりたい」と申し出た。

プロジェクト・プーチで少年たちが担当の犬に行っているトレーニングは、主に馴化トレーニングとコマンドトレーニングだ。

馴化トレーニングとは、人や他犬に慣れさせることで、まず人との信頼関係を構築し、トラウマからの回復を目指すトレーニングのことだ。

それが問題なくできるようになると、〝コイ〟〝スワレ〟〝マテ〟などの飼い主のコマンド（指示）通り行動させるためのコマンドトレーニングに移る。

コマンドトレーニングは、飼い主とのアイコンタクトから始まり、コマンドを出す飼い主の声の抑揚も重要なポイントになる。

ところがジョーダンは、あまり相手の目を見て話さないし、声にもほとんど抑揚がない。これではティリーもコマンドが理解しづらい。

ジョーダンがティリーに手を焼いているのは、ジョーダンの指示をティリーがまったくきかないことが原因だった。


そこでネートは、別の方法を使って、ティリーのコマンドトレーニングをやり直したいと申し出たのである。もちろん、トレーニングにはジョーダンが一緒でなければ意味がない。

「トレーニングには、ティリーとジョーダンにも参加してもらいたいんだ」

手紙のやり取りをずっと見守ってきたジョアンは、ネートからのこの提案を大歓迎した。

ジョアンがリーバマン夫妻に連絡をすると、夫妻もネートの心遣いに大いに感謝し快諾した。

トレーニング当日、ティリーはネートを見て大喜び！　ネートも久しぶりのティリーとの再会に笑顔が絶えなかった。

ジョーダンはネートを見て自分から近づいて行ったが、相変わらず目を合わせることはない。しかし、手紙を通して二人は以前より確かに近づいている気がした、とジョアンは言う。

ネートはティリーのリードをジョーダンから受け取り、ティリーの目を見て「スワレ！」とコマンドを出した。ティリーはネートの目を見たまま、サッと座った。

「次は、ジョーダンの番だ」

ネートはティリーのリードをジョーダンに渡した。

「ていりー……す、すわーれ……」

ティリーはポカンとしてジョーダンを見ている。

「よし！　ティリー、スワレ！」

ネートが言うと、ティリーは嬉しそうにネートを見て、シッポを振り振り、サッと座った。

ネートの予想は正しかったのだ。同じ「スワレ」でも、ネートのコマンドと、表情が乏しく、声に抑揚が少ないジョーダンのコマンドでは別物のようにティリーは感じるのである。

ジョーダン（左）ジョアン（右）と、ティリー

そこでネートは、大きなゼスチャーをつけてコマンドを出した。それを何度も繰り返すことで、ゼスチャーでコマンドを見分けることを、ティリーに教えたのである。

何度も、何度も、根気よく、ネートはそれを続けた。

そして、ジョーダンに
「さあ、『スワレ』と同時に、ティリーのお尻を抑えるような恰好をしてみて。もう何度も僕がやったからわかるよね？」

と、やさしく促した。

「てぃりー……す、われ……」

ジョーダンがゆっくりと、ネートと同じようなゼスチャーをすると、ティリーが座った！

「すわった……ぼくのいうこと……、てぃりーが……きいたよ……！」

ジョーダンは嬉しそうにティリーを撫でて続けた。

「てぃりー、いいこ……いいこ……いいこ……」

「そうそう！　うんと褒めてあげるんだ！　『いい子だね』って、褒めてあげるんだ」

次の土曜日も、その次の土曜日も、ネートとジョーダンのティリーのトレーニングは続いた。

ジョーダンへの指導は、ネートが送った手紙通りだった。

『ジョーダン、これだけは覚えておいてくれ。気にくわないやつに一発くれてやることは簡単さ。誰にでもできる。でも、誰かを褒めるってことは難しいんだなあ……。

誰にでもできることじゃない』

ジョアンは、その時の出来事を振り返って、感慨深そうに言う。

「あれだけ感情に任せて自分をコントロールできなかった青年が、今では他人に思いやりや我慢、愛という言葉を伝えているのです。それをネートに教えたのは、一度は人間に捨てられた犬です。彼らが人間に惜しみなく与えるものが、いかに価値があり、いかに大きく、いかに多いのかを、私は、保護犬から改めて学びました」

少年と犬——。幾例ものペアを見てきたジョアンだが、ネートの変化と成長は、彼女の期待をはるかに超えたものだったという。

犬が人間に惜しみなく与えてくれる計り知れない大切なもの。では、私たち人間はいったい犬に何ができるのだろう。

答えは簡単だ。犬が求めているのはただ一つ。信頼できる飼い主と死ぬまで一緒に暮らすことなのである。

■4年後、14歳になったジョーダンとティリー

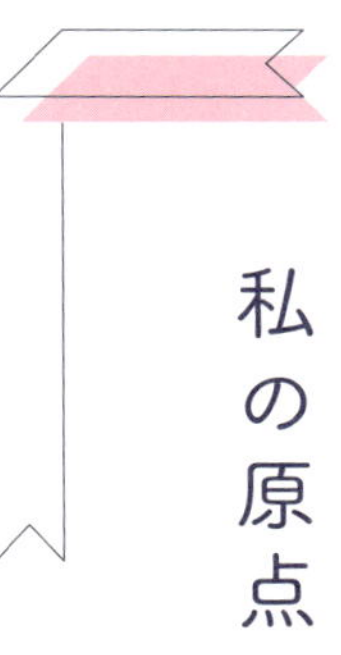

私の原点

ネートたちの話は、地元新聞『Lake Oswego Review』の一面でも大きく取り上げられ、プロジェクト・プーチは新たな矯正教育の成功例として話題となった。

一度は人に捨てられた犬たちが、人間をもう一度信じ、今度は人間に無条件の愛と命を預かった責任、そして命の無限の可能性を伝える。生きていれば必ず、幸せになれる。どんなに傷ついても必ず光に向かって生きることができる――。言葉を持たない保護犬たちの人間へのメッセージだ。

私はプロジェクト・プーチの矯正プログラムに心から深い感銘を受け、同時に少年たちと保護犬を取り巻く周りの人たちのやさしさに強く心を打たれた。

「欧米は動物愛護と動物福祉の先進国で、保護犬の譲渡は常識」と、思っている人も多いかもしれないが、現在でもアメリカにおける犬の購入先はブリーダーなどが圧倒的に多く、保護犬を迎え入れる人たちは全体の20％ほどだという。

これを多いと考えるか少ないと考えるかは人それぞれだが、欧米は宗教的な観点から、寄付や社会貢献が身近なものとして日常的に当たり前のようにある。社会的貢献として保護犬を選ぶ人も少なくない。

少年院という場所で少年たちと積極的に交流し、そこでトレーニングを受けた犬を家族に迎えることも、犬と少年たちの社会復帰を応援できるという意味で、大きな社会貢献といえるだろう。

私が出会ったリーバマン一家もそうだ。決して偏見を持つことなく、常に温かな目でジョアンのプロジェクト、そして、少年たちを応援した結果、ティリーを家族として迎え入れてくれたのである。
この姿勢は我が国、日本でも大いに見習うべきなのではないかと思う。

そしてそれは、プロジェクト・プーチを訪れてから2カ月が経った頃のこと。1通のエアメールが私のもとに届いた。
封筒の中には、カードとジョアンの手書きのメモが添えられている。

『ネートがまもなく仮退院となります。彼の仮退院を祝う会をプロジェクト・プーチで開催するのですが、ネートからの依頼で、あなたにも招待状を送りますね』

カードはネートからの招待状らしい。
カードを開くと、未来への決意を表すかのような、こんな言葉が書かれていた。

『I can live again』

私は、これを日本語にどう言い換えようか、悩んだ。ネートの心を的確に表現するのは、どんな言葉がいいのだろう——？

暫し悩んだ末、こう訳してみた。

〝再出航（たびだち）〟

■ネートから私宛に届いた招待状

私はこのネートたちの物語を、1冊の児童書『ドッグ・シェルター　犬と少年たちの再出航』（金の星社・2002年）にまとめ、世に送り出した。保護犬とその命の可能性を少しでも多くの子どもたちに知ってもらいたいと願ったからだ。

その3年後、再びポートランドを訪れた私は、ジョアンの案内でネートと再会することができた。

彼は、ポートランドのカーペット店で真面目に働き、結婚をして立派な一児の父親になっていた。

「ノリコ！　安くしておくから、カーペット買ってよ！」

ネートに笑顔で勧められ、社会復帰のお祝いのつもりで、私は直径80センチほどの丸いウールのラグを購入することにした。

それを抱えて飛行機に乗り込むのはいささか手間ではあったが、あれから20年以上経った今でも〝ネートのラグ〟は、私の自宅に彩を添えてくれている。

今思えば、ジョアンとの出会い、そして、マクラーレン少年院で見た保護犬と少年たちの姿は、私が保護犬と関わっていく上での原点だった。

そしてその後、ジョアンが出会ったある1頭の犬〝ルーフス〟がきっかけで、私は運命の保護犬〝未来〟と出会うことになったのである。

ジョアンがプロジェクト・プーチを立ち上げてから、すでに30年以上――。
ネートを含め、保護犬と再出発した少年の、実に8割以上（2003-2017年実績）が更生を果たしていた。
この数字が意味するもの。それは、私たち人間の想像をはるかに超える保護犬たちの魔法の成果なのかもしれない。

保護犬たちが教えてくれたこと

- 命を預かる責任
- 無条件の愛
- 生きていれば必ず、幸せになれる

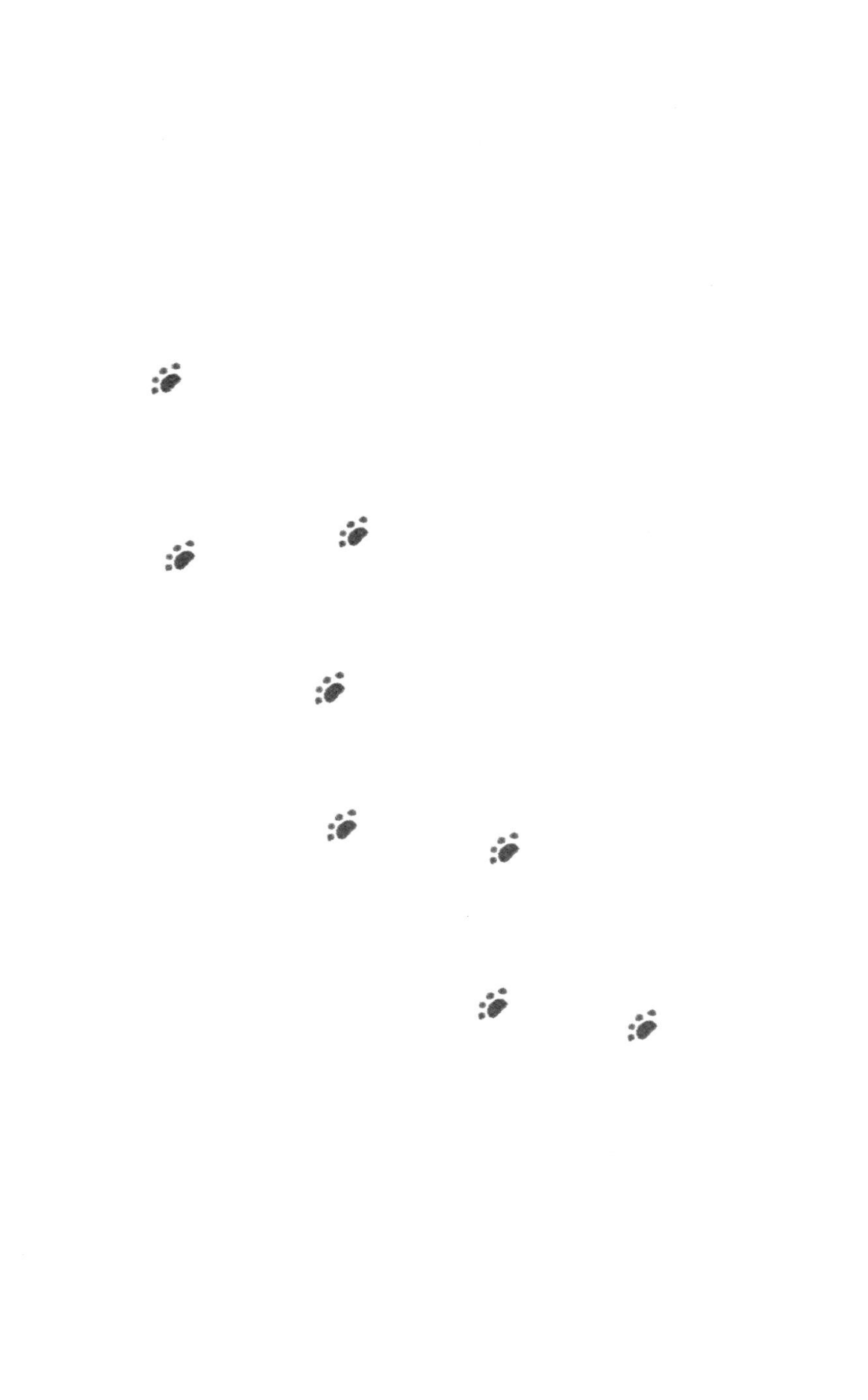

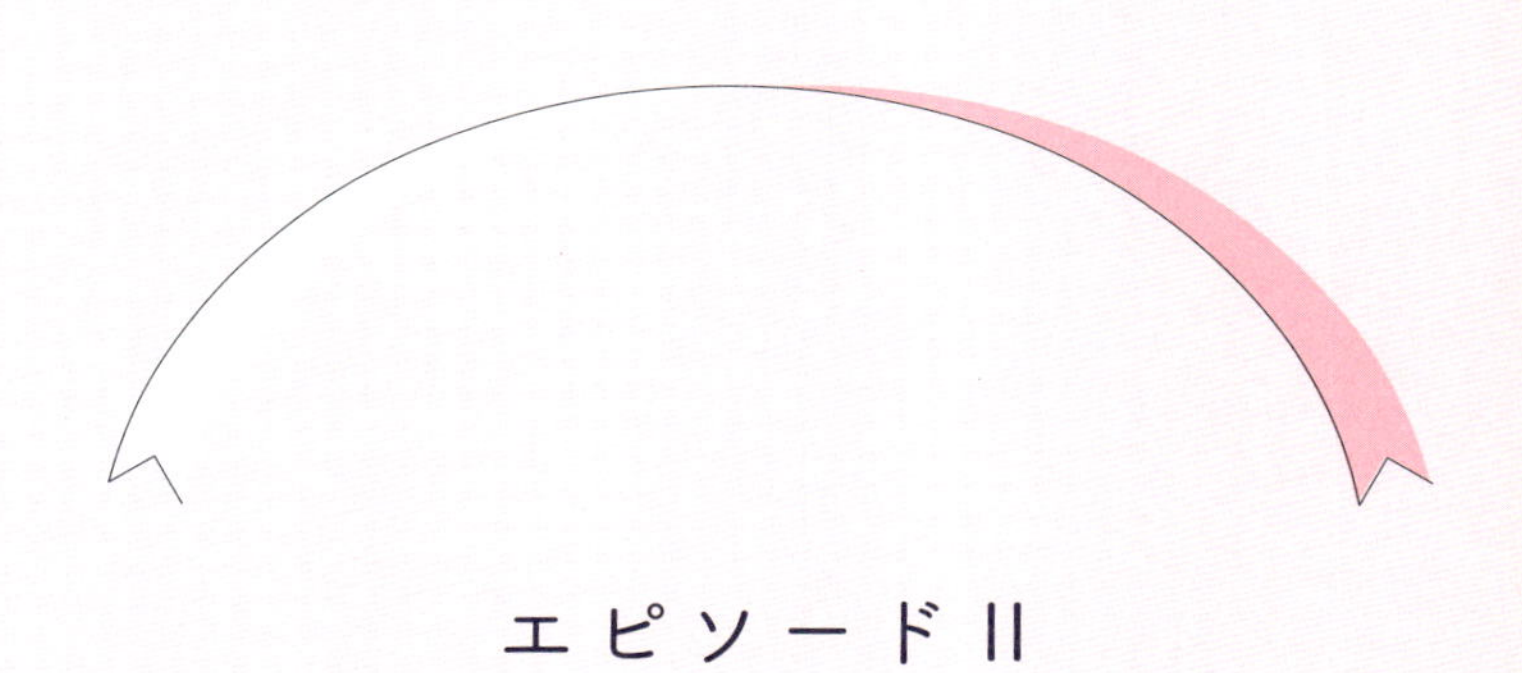

エピソードII

運命の犬・未来

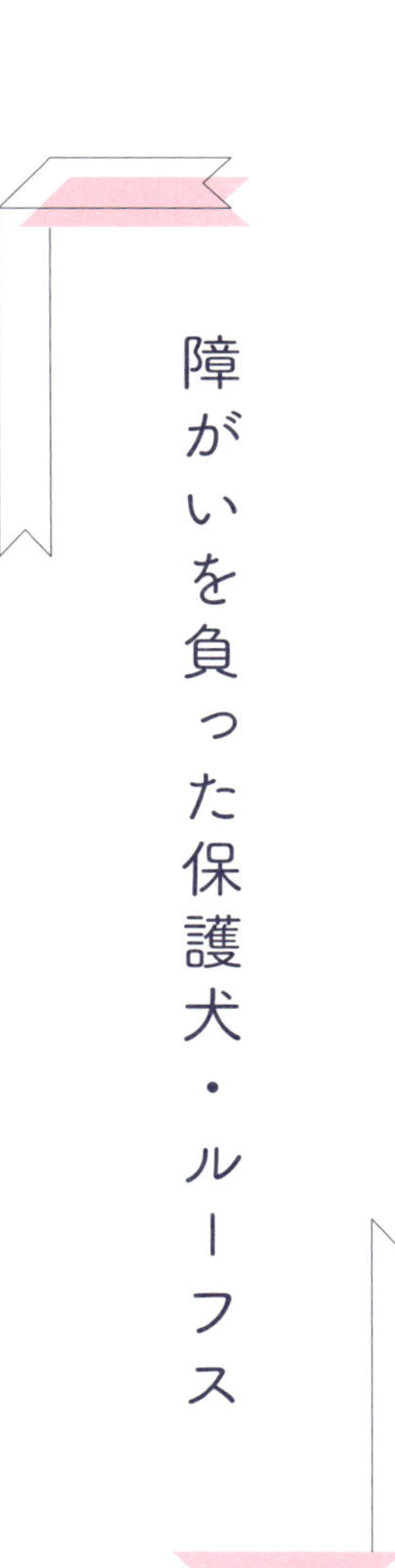

障がいを負った保護犬・ルーフス

プロジェクト・プーチのジョアンと出会った私は、その後もメールのやりとりを続け、頻繁に会うことはできなくとも、友人として親しい付き合いを続けていた。

ジョアンとの出会いで、保護犬にいたく関心を持った私は、今度犬を家族に迎える時は保護犬を、と考えていた。しかしもう1頭迎えるとなると、蘭丸に加え、2頭目となる。自分たち夫婦にそれだけの精神的・金銭的余裕があるのか――？

プロジェクト・プーチの取材もそうだが、当時は夫婦揃って海外へ取材に出かける

ことも多かった。そのたびに蘭丸をペットホテルに預けなくてはならず、2頭目を迎える決心がなかなかつかないまま、保護犬の飼い主募集サイトを毎日見る日が続き、3年ほどが過ぎていた。

そんなある日、ジョアンから「新しい犬を自宅に迎えることになった」というメールが届いた。

取材当時、彼女は〝サシャ〟というミックス犬と暮らしていたのだが、そこに新たな犬が1頭家族に加わるという。

先住犬サシャ

「どれどれ」と、苦手な英語と奮闘しながらメールを読み進めるうちに、その犬が心身ともに大変な障がいを持っていることを知った。いくら彼女が犬の行動学に詳しく、犬のことをわかっているとはいえ、もろ手を挙げて賛成することはできなかった。

その犬の名前は〝ルーフス〟――。

ある日、ワシントン州の獣医師からジョアンのもとへ「飼い主から虐待を受けた犬が動物病院に来た」という知らせが入った。ルーフスを動物病院に連れてきたのは、ルーフスを虐待した男のガールフレンドの友だちだ。

その友だちの話によると、男が家の中で粗相したルーフスに腹を立て、コンクリートの階段から突き落として重傷を負わせてしまったという。

これは間違いなく〝虐待〟だ。

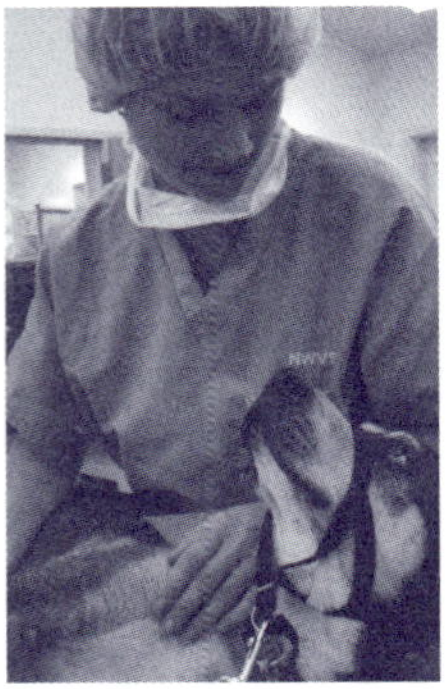

動物病院で治療を受けるルーフス

獣医師から連絡を受けたジョアンは、すぐにルーフスをプロジェクト・プーチに連れて帰った。そして、自分の愛犬として家族に迎えるのだという――。

メールを読んだ私は、心底彼女を案じた。

虐待のトラウマと、この怪我によって負った身体障がいの2つを抱えた犬を引き取るとなれば、大変な苦労を背負い込むことは目に見えている。

一時の同情だけで、命を預かることはできない。ルーフスはまだ2歳で、これから10年以上一緒に暮らしていくこととなる。話によると、折れ曲がった脚の手術も今後何度か必要らしい。しかし、彼女の決意は岩のように固かった。

しばらくして届いたメールを読むと、すでにルーフスを引き取り、一緒に暮らしていると言う。

メールには短い文章でこう書かれてあった。

『これは命に対するチャレンジだ。
誰もが匙を投げた傷ついた命を自分の手で輝かせることができたら、これほど自分にとって幸せで名誉なことはない』

そのメールを読んだ私は、ルーフスを引き取ることに反対した自分を心から恥じた。彼女の決意が、その生き方が、とてつもなくかっこよく、素敵に思えたのだ。

それからずいぶん後になって、ジョアンはルーフスを迎えるに至った詳しい経緯を教えてくれた——。

ワシントン州の獣医師から話を聞いたジョアンは、すぐにルーフスをプロジェクト・プーチに迎え入れ、かかりつけの動物病院に連れて行った。そこで獣医師から「重傷を負った前足を切断した方がいい」と提案されたが、ジョアンはそれを拒否した。犬の重心の6〜7割は前脚にかかっている。前脚を失うことは、ルーフスのQOL（生活の質）に問題が出ると考えたのだ。

その後、ジョアンが別の専門医に相談すると、金属の棒を前脚に挿入して固定することで、切断しなくても歩けることがわかり、ルーフスは手術を受けることとなった。

ギプスをしているルーフス

手術は成功したが、怪我の成り行きを知っていた専門医は、治療費を一切請求しなかったという。

術後、プロジェクト・プーチの犬舎に戻ったルーフスは、ジョアンや少年たちと過ごしながら、心と体のリハビリに努めることとなった。

男にひどい虐待を受けたルーフスは、〝男性〟に対して大きなトラウマを抱えている様子だった。ところが不思議なことに、プロジェクト・プーチの少年たちに対しては、怖がる素振りがまるでなかった。それどころか、日々の少年からの世話やトレーニングに大きな喜びを表すようになっていたのである。

その様子を見ていたジョアンは、ある日ふと、試しにルーフスを自宅に連れて帰ってみようと思い立った。

自宅のドアを開けた瞬間、真っ先に出迎えたのは愛犬・サシャだ。出会った瞬間、2頭は久しぶりに会った親友のように、お互いの匂いを嗅ぎ合い、じゃれ合った。

その姿を見た瞬間に、ジョアンはルーフスを自分の家族として迎える決心をしたのだった。

遊んでいるサシャ（上）とルーフス（下）

なるほど、そういう経緯があったのか。

男性が苦手なルーフスが、プロジェクト・プーチの少年たちには嫌悪感を示さなかったと聞いた時、ルーフスは間違いなく人間の心が読めるのだと私は思った。

複雑なバックグランドを持つ保護犬は、これまでの経験の中で、生きるための様々な学習をしてきたはずだ。彼らにとって〝いい人間〟と〝悪い人間〟を見分けるのもそんな学習の一つ。その学習の結果が、プロジェクト・プーチの少年たちへの態度の表れなのだ。

それぞれの保護犬たちが見出す〝命の可能性〟。

この、ルーフスの〝学習〟に真っ先に気づいたのはジョアンだった。サシャとルーフスの相性が瞬時に一致したことも、ルーフスを家族として迎え入れる大きな要因になったことだろう。

ルーフスがトラウマから回復するのは、そう難しくはないのかもしれない。

ルーフスのことをジョアンから最初に知らされた当時、私はこれらの詳しい事情を知らなかった。ただ、彼女から送られてきた決意を示す短いメールに、心から感銘を受けたことだけは確かだった――。

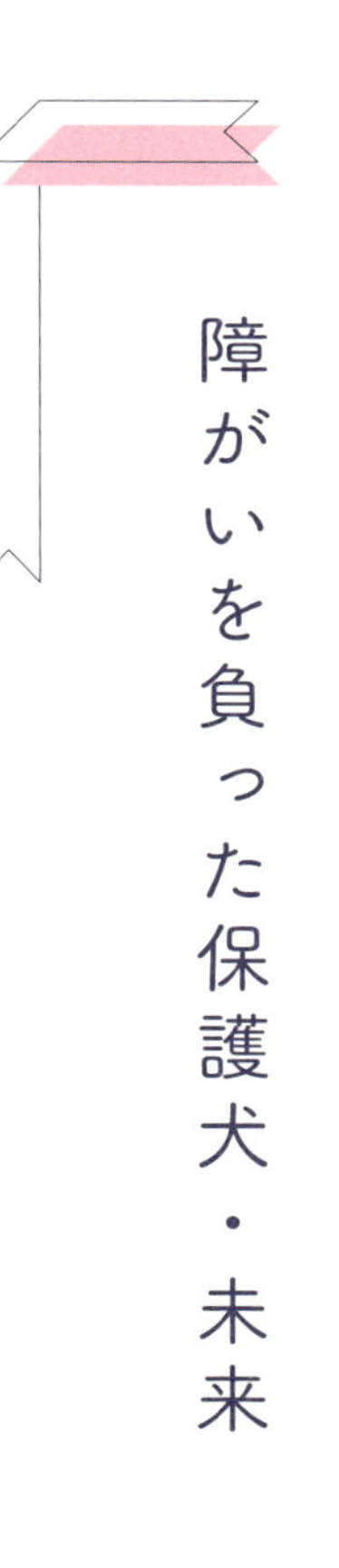

障がいを負った保護犬・未来

後ろ足のない子犬・未来を動物保護ボランティアのブログで見つけたのは、ジョアンからルーフスの話を最初に聞かされた直後だった。

未来は右目がざっくりと切られ、右後ろ脚の足首から下と、左後ろ足の指が全部切断された状態で、千葉県印旛郡酒々井町の馬橋という場所で遺棄され、飼い主不明で動物愛護センターに収容された生後2カ月ほどの柴犬（メス）だった。

傷の状態から、おそらく飼い主による虐待だと思われた。負傷犬だったことから、未来は殺処分対象となっていたが、殺処分前日に、動物保護ボランティアの藤田麻里

子さんに救い出され、九死に一生を得たのである。

「動物愛護センターで亡くなっていったすべての命の分まで未来を引き継いで、幸せに生きてほしい」そういう願いを込め、子犬は麻里子さんによって〝未来〟と命名されていた。

ジョアンの決意に心を動かされていた私は、ブログを見て「この子は、ジョアンとルーフスが導いてくれた贈り物かもしれない」と思った。

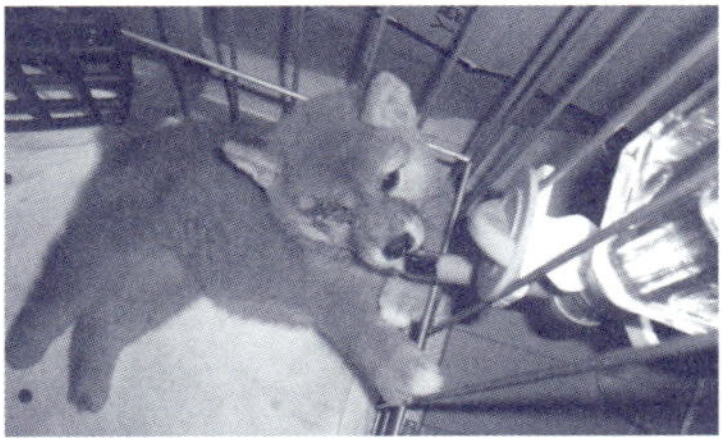

■センターから引き取られた直後の未来

麻里子さんのブログに書かれた未来の障がいの様子を読むと、右目の周りの傷は手術で縫合したものの、瞼を閉じることができない。寝ていても白目をむいた状態になるという。

後ろ足は右後ろ脚足首から下がなかったが、左後ろ足は切られたのが指だけだったので、肉球が少し残っており、ひょっこらひょっこらと歩くことができる。排泄も自力ですることができ、日常生活に介助は不要とのこと。

やわらかい布団の上で飛び跳ねている未来の写真を見た私は、散歩も芝生や海岸など、柔らかな場所なら歩けるだろうと考えた。

房総に住んでいる私は、週に2～3度、蘭丸を海岸に連れて行き、2時間ほどの散歩を楽しんでいた。

脚の不自由な未来でも、海岸ならきっと歩ける、いや、走れるかもしれない。〝海岸散歩〟の可能性は、未来を家族に迎えるか否かの選択を大きく左右した。

もし私が東京都内に住んでいたら、選択の余地はない。アスファルトに囲まれた都会の暮らしでは、未来を引き取ることはできなかっただろう。千葉はやはり私に幸運をもたらす場所のようだ。

多頭飼育になることに迷いがないわけではなかったが、蘭丸が5歳になっていたことも背中を後押しした。5歳離れていれば、老後の介護が重なることはないだろうと思ったからだ。

2005年11月14日、私たち夫婦と未来の〝お試し期間〟がスタートした。

お試し期間とは、多くの保護ボランティアが設けているルールで、保護犬や保護猫との相性を確認するものだ。飼い主はもちろん、先住犬や先住猫がいる場合は、ペット同士の相性を見る意味合いもある。

我が家もそうだった。蘭丸との相性がどうなのかが一番の気がかりだった。

未来は、まったく吠えない実に気丈な犬だった。トラウマが未だあるせいか、子犬独特の愛くるしさは感じられなかった。

我が家に来た当初は我々と常に一定の距離を置いて、私たちの出方を観察していた。

しかし蘭丸に対してはバカにしているのか、常に蘭丸の前に出て、食事やおやつを横取りする始末。蘭丸には先住犬としての尊厳などまるでなかった。

見ていると蘭丸が不憫で仕方がない。どうやら未来は、徹底的なアルファメス（リーダー格）タイプの犬のようだ。

こんなことで大丈夫だろうか——？

心配になって麻里子さんに連絡をすると「犬の順位は犬同士が決めることが好ましい」という返事が返ってきた。

しかし、これからこの調子で10年以上ともに生活をしていくのかと思うと、すんなり「はい、そうですか」とも言えなかった。

私の煮え切らない態度と迷いが伝わったのか、麻里子さんは「そんなに悩むのなら、これから未来を引き取りに行きます」と言い、その日のうちに我が家に未来を迎えにやってきた。麻里子さんはさっさと未来をクレート（移動用の犬舎）の中に入れると話もそこそこに玄関を出ていった。

私はその後ろ姿をおろおろと見送りながら、ジョアンとルーフスのことを思い出していた。

未来とこのままお別れになってしまったらどうしよう……。

そう思うと、いてもたってもいられず、翌日、未来の様子を聞こうと麻里子さんに電話をすると、彼女は淡々と言った。

「飼い主さんが迷っていると、その迷いが未来や蘭丸くんにも伝わっちゃうんです。だから気持ちをはっきり決めてください。未来を家族にするのかどうか。迷いがなくなれば、未来と蘭丸くんの関係も問題なくなると思います。それと何度も言いますが、犬たちの順位は犬同士で決めさせてください。蘭丸くんが先住犬だから上、という考えは飼い主さんの思い込みです」

その言葉を聞いて、私の心は決まった。我が家の一員として、正式に未来を迎えることにしたのである。

■ベッドの上で寝る未来（左）と蘭丸（右）

麻里子さんの言うとおり、自分の中の迷いが消えると、家の中の様子も変わってきた。

蘭丸も子犬の未来に下々のように扱われていたが、本人

（蘭丸）も、それはそれで悪くないらしい（笑）。未来はいたずら好きで、私の留守中に、よく私のスリッパを咬んでボロボロにしていた。しかし、そのぼろぼろのスリッパに顎を乗せて私の帰りを待っているのはいつも蘭丸だった。

そのため、犯人は、蘭丸だとずっと私は思っていたのである。

ところがある日、犯人は未来だということが、目撃したダンナによって発覚した。未来はスリッパを破壊した後は、知らん顔。逆に蘭丸は、呑気に私の匂いのついたスリッパの上に顎を乗せて飼い主の帰りを健気に待っていたというわけだ。

未来は知能犯で、その後始末をするのが蘭丸。蘭丸の大好きなおもちゃを上手に横取りするのも未来。取られて大騒ぎする蘭丸。それでも決して喧嘩になることもなく、うまくバランスが取れていた。どちらが上でも下でも仲良く暮らせればそれでいいではないか。

2頭の関係はまさに〝ボケと突っ込み〟の漫才を見ているようで、その後の我が家は〝夫婦漫才劇場（?）〟で笑いが絶えない家となっていった。

障がいをもった保護犬・未来を迎えたことを、一番喜び、励ましてくれたのはジョアンだった。

私がメールを送ると、ジョアンはポートランドで有名なチョコレートにお祝いのメッセージを添えて、送ってくれた。

そのメッセージを読みながら、私は改めて「つらい思いをした分、必ず幸せにするからね」と、未来に約束した。

砂浜を走る未来

その後、お散歩デビューを果たした未来は、私の狙い通り、千葉県の九十九里海岸をどこまでも走った。アスファルトの道はほとんど歩けないのに、海岸であればほかの犬に負けないくらい走ることができたのだ。

海岸で走る未来を見る限り、未来に障がいがあるなど誰もわからないだろう。それくらい未来はまんまるいシッポを風になびかせ、満面の笑みで走った——。

一度は傷つけられ、捨てられた命が、再びきらきらと輝く姿を見ることは、この上なく幸せだった。


〝誰かを幸せにすることは、自分を幸せにすること——〟


この気持ちを心から実感したのは、未来が海岸を走った姿を見た瞬間だった。その時の感動と喜びを、私は今でもはっきりと覚えている。

ジョアンは、この幸せを多くの保護犬と少年たちを通して誰よりも知っていた。だからこそ、迷うことなくルーフスを迎えることができたのだ。

障壁が大きければ大きいほど、それを乗り越えた喜びもまた大きいのである。

命の可能性

未来は、保護犬が持つ魔法を次々と開花させていった。

障がいをもろともせず元気に公園を歩く姿は、家庭環境が複雑な近所の子どもたちを次々と呼び寄せ、子どもたちに笑顔と大きな勇気を与えてくれた。

多くの大人たちは、後ろ足のない未来を見て「かわいそう」と憐れむが、子どもたちは未来を見ても「かわいそう」とは決して言わない。

「未来ちゃんすごいね！　後ろ足が不自由なのにこんなにがんばってるんだね」と笑

顔いっぱいに未来を撫でる。

未来に会いに来る子どもたちもまた、大なり小なりトラウマを持っている子ばかりだ。虐待を受け捨てられた未来が、再び元気に過ごし笑顔でいる姿を見て、アメリカの少年院の少年たちのように、自分を重ね合わせ〝希望〟を見出していたのだろう。

未来が普通の犬だったら、子どもたちの気持ちはまた違うものだったかもしれない。未来と家庭環境が複雑な子どもたちが触れ合う様子を見て、私はマクラーレン少年院のことを思い出していた。犬と子ども……。未来を連れて学校で〝命の授業〟をしたらどうなのだろう――。

近所の子どもと未来

日本の子どもたちは、諸外国の子どもに比べ、自己肯定感が著しく低いように思う。特に愛着障がいの子においては「自分はダメな子だ」「自分が嫌い」と考えている子が圧倒的に多いと感じるのだ。

そんな子どもたちが未来と出会い、触れ合ったら、様々な希望や光を見出せるのではないか――。


しかし、犬を公立の学校に同伴するなど、この頃には考えられないことだった。衛生問題、アレルギーの問題、咬傷の問題、学校という場所だけに、何かあれば学校の責任が問われる。

それでも諦めきれず、一か八か、無理を承知で知り合いの校長に頼み込んだところ、校長は未来の動物介在教育に大きな興味を示してくれた。


早速、試してみようということになり、未来が1歳になった2006年12月、未来を同行しての〝命の授業〟が行われた。

衛生面など、できるだけの対策をしていざ実施してみると、未来が子どもたちに与えた命のメッセージは、私や校長の予想をはるかに超えたものだった。

子どもたちの前を歩く未来

未来の写真を映しながら、命の授業を行う様子

その後、校長の紹介もあって、近隣校を中心に未来同伴の命の授業の依頼は徐々に増え、やがて全国規模にまで広がっていった。

未来も最初は緊張していたが、何校か訪れていくうちに、数百人の児童や生徒が見守る中、実にご機嫌にシッポをクルンクルン振って、体育館の中を歩くようになった。

未来は学校や子どもたちが大好きで、私が「未来、今日はお仕事だよ」と言うと、先に玄関に行って、ちょこんと待っているほどだ。学校に着くと我先にと会場である体育館に入りたがった。

以来、小・中学校をはじめ、東日本大震災被災地や少年

授業後、未来と触れ合う子どもたち

院、刑務所、図書館、行政施設など、私がこれまで命の授業を実施した約300箇所のうち、未来が仕事を引退する15歳半までに同行した施設数は、首都圏を中心に139箇所。授業後に未来と触れ合った児童・生徒数は実に3万人以上にのぼる。

授業は小学校の高学年以上が対象で、1つの質問から始まる。

「あなたは自分が好きですか？」

その後、90分にわたって写真を映しながら、捨てられた犬たちの殺処分現場、そして、同じ捨て犬として殺処分対象となっていた未来が救われ、元気に暮らすに至るまでの話をする。

その中で私は、しつこいくらい何度も同じ問いかけをする。

「命を捨てるのも、傷つけるのも人間。命を救い、守り、幸せにできるのも人間。あなたは、どちらの人間として生きていく自分が好きですか——?」

命の授業で伝えたいことは、

- 好きな自分とはどんな自分なのか（誰かを傷つける自分か、誰かを幸せにできる自分か？）
- なりたい自分とはどんな自分なのか（誰かを傷つける自分か、誰かを幸せにできる自分か？）
- どんな自分と生きていけば幸せか（誰かを傷つける自分か、誰かを幸せにできる自分か？）

これらを未来の話を通して探求してもらうこと。そして、〝人としての在り方や、人としての幸せとは何か〟を考えてもらうことだ。

90分すべて犬の話だが、これは犬の話ではない。保護犬を通して、私たち人間の生き方を問う〝命の授業〟なのである。

未来が教えてくれたこと

命の授業で、これまで出会った子どもたちの中に、ネートたちのような少年院の子たちもいた。

少年院での授業は独特の雰囲気で行われる。

ユニフォームを着用した少年たちの頭は全員がいがぐり頭。彼らは、きっちり整列して席に着き、私語は一言も発しない。

そして、いつものように授業の冒頭、私は、少年たちに質問する。

「あなたは、自分が好きですか――？」

そんな中、ある少年院での授業実施後に寄せられた感想文の中に、冒頭質問の「あなたは自分が好きですか」という問いに対し、興味深い回答があった。

『今西さんってすっごく変な人だなと思った。自分が好きですかって？　そんな質問……。僕たちみんな悪さをしてここにいるのに、自分が好きな奴なんているわけがないじゃないか。バカじゃないの？？？』

私はこの感想文を読んで、大いなる手ごたえを感じた。

少年の言葉を振り返ってみよう。

〝悪さをした自分が好きなわけがない＝自分が嫌い〟というならば、〝好きな自分＝悪さをしない自分〟と言っているに等しい。

つまり、彼は人としてどう生きるべきか、人としての在り方をしっかり理解しているということだ。

学校の授業でも「自分のことが好き？」という質問の意味がわからないと答える児童、生徒がいる中で、この少年は私の質問の意図を実に的確に理解していた。

では、好きな自分とはどんな自分なのか——。

それを考えてもらうことこそが命の授業の目的であり、私が大切にしている普遍的なテーマでもある。

彼が今後、どんな人間として生きていけば彼自身が好きな自分になれるのか。命の授業がその答えを考えるきっかけになっていたら嬉しい。

ほかにも、こんな感想文をもらったことがある。

『僕たちは誰かを傷つけてこの場（少年院）にいます。多い・少ないは別にして、誰かを傷つけたという事実は変わりません。しかし、本来のあるべき姿に戻ろうと努力している人もいます。僕もその一人です。

そして、未来ちゃんのように誰かを幸せにできる人間でありたいと思います。未来ちゃんのフワフワの温かい感触を決して忘れず、人としてあるべき姿に戻っていきたいです』

どこの少年院でも、未来は少年たちの間をシッポをクルンクルンと振って元気に歩いていた。時に、少年たちの顔を見上げ、差し出された彼らの手をなめて挨拶をする。そんな未来の元気な姿に、彼らは笑顔で未来を撫で、時には涙を流し、授業を終えて教室を出ていくのだ。

未来は決して吠えることなく、怯えることもなく、実に堂々と、多くの少年たちの中を歩いていった。それはまるで自分に与えられた未来の使命のように私には見えた。

少年院で出会ったある少年、Yくんは私の著書〝捨て犬・未来シリーズ〟が好きで、彼からの手紙は、何年にもわたって私のもとに届いた。

手紙にはいつも未来を気遣う言葉が書かれていたが、彼自身の家庭環境のことやこれまで犯した罪について便箋数枚にわたって切々と綴られていた。

Yくんは、親からのひどいネグレクトを受け、両親の離婚と再婚を経た後、血の繋がりのない年の離れた兄から虐待を受けて育った。

そしてわずか14歳で犯罪に手を染め、以来、青春期のほとんどを少年院で過ごし、成人してからも少年刑務所で日々を過ごしていたのである。

彼の青春時代を自己責任という形で責めるには、彼の生い立ちはあまりにも悲惨だった。

手紙を読む限り、彼は几帳面で頭の悪い子ではない。繊細で、感受性が強く、文章力にも長けていて、その内容にはいつも胸を打たれた。

何度か手紙をやりとりするうち、私はいつしか彼に一度会いに行かなくては、と思うようになった。できれば未来も連れて行きたかったが、犬を連れて面会に行くことはできない。

そこで私は、笑顔いっぱいの未来の写真を持って、自宅から600km離れた少年刑務所に行くことにした。

ところが、現地に到着してYくんの面会を申し込むと、「親族以外はNG」とそっけない返事が返ってきた。

それでも「遠くから来たので、5分でいいから会わせてほしい」と食い下がると、その気持ちを察してくれたのか、結局30分間の面会が許された。

書簡を経て会うYくんは痩せていて、顔色も悪かった。

私が面会室のガラス越しに未来の写真を見せると、Yくんはやっと小さく笑った。

「今でも、手紙と一緒にもらった未来ちゃんの写真を毎日見ています。未来ちゃんを見ていると、少しだけ自分がやさしくなれそうな気がするから……」

その後、Yくんはほとんど話さず、30分の時間をどう使っていいのか、面会時間のほとんどが未来の話で終わってしまった。

それからも、Yくんとの手紙のやりとりは続いたが、ある年が明けた1月、彼に出した少年刑務所宛ての手紙が宛て先不明で戻ってきた。
それは、彼が仮出所したことを物語っていた。以来、彼からの連絡は一切ない。

その後、30通以上にも及ぶYくんからの手紙を整理していた私は、彼が少年院時代に私に送ってくれた一通の手紙に目が留まった。そこには、丁寧な文字でこんな一文が書かれている。

『拝啓。未来の本を読みました。未来は今西さんや、誰かから必要とされているから、あんな笑顔ができるのですね。僕も誰かから必要とされる人間になりたいです。
本の中の未来の笑顔を見て、暴力より〝やさしさこそが、真の勝利〟だと気づきました。やさしさが勝利だと、もっと早くわかっていれば、今の僕にはならなかったでしょう。少年院に入ることもなかったでしょう』

やさしさこそが、真の勝利――。

こんな言葉を心に思い描く人間が、どうして犯罪を重ねてしまうのか……。どうして犬の未来にここまで心を動かされるのか……。

そして同じ疑問は、ある刑務所内の受刑者１４００名を対象にした命の授業でも私の頭を駆け巡った。

いつものように話し終えた後、未来が刑務所の施設内のステージに登場すると、一番前にいた中年の受刑者が号泣したのだ。それだけではなかった。講演を終えて、私が未来を抱いて通り過ぎると「ありがとうございました！」と大泣きしながら叫んだのである。

講演後には、私を講演会に招いてくれた法務教官の先生から、「また未来ちゃんに会わせてほしいと言う受刑者が何人かいた」とも聞いた。

犬の未来の命が救われ、幸せに生きていることに感動する人が、なぜ他人を傷つけたり、罪を犯してしまうのか――？

境遇や背景など様々な要因があるのだろうが、いくら考えても私にはわからない。

そんな中、この疑問に対する答えを導いてくれたのが、命の授業を参観くださり、少年院で10年以上篤志面接委員を務めている女性、Iさんだった。

篤志面接委員とは、日本の矯正施設内で相談に乗ったり、矯正のための面談や指導を行ったりする民間ボランティアのことだ。

私の「1匹の犬の命が救われて、幸せになっていく姿に涙を流して感動する人が、どうして刑務所にいるんでしょうか」という質問に、彼女はこう答えた。

「どちらにも心が動くのが人間というものなのです。その時その時で、自分の心や相手への思いが変わってしまう。そうならないために常に私たちは考えていかなければなりません。どんな環境にあっても人として正しい道に進む人もいれば、そうでない人もいる。どちらの道に進むのか、それを決めるためには、自分が何を求めているのか、という根っこが必要になります。例えば、自分に恥じないように生きる、という根っこには、常に自分を冷静に見ているもう一人の自分がいる。こういった根っこがあるからこそ、揺らがず自分の進むべき道を進んでいけるものなのです」

Iさんの言葉に、私は「なるほどなあ」とえらく感心した。

以前、私は著書の中で、人間の中には「ブラックくんとホワイトくんがいる」と書いたことがあった。

「別にいいや」「悪いことしてもいいや」というのがブラックくんであり「そんな悪いことを考えている自分が好きですか?」と戒めるのがホワイトくんだ。

自分の中でブラックくんとホワイトくんが対立するとき、人としてどちらの道を選ぶのか——? それを決めるのもまた自分でしかない。

あくまで推察することしかできないが、きっとYくんも未来に涙した受刑者の彼も、ブラックくん(弱い自分)の誘惑に流されてしまったのかもしれない。それがIさんの言う「どちらにでも動いてしまう人間の弱さ」なのだ。

Ｙくんのように、少年院や刑務所に入る人たちの多くが、家庭環境に問題があったことは確かだろう。しかし、〝泥の中で咲く花〟もあれば〝温室育ちで枯れてしまう花〟もある。

未来はというと、まさに泥の中で咲く花だ。あれだけ人間にひどい目に遭わされながらも人を憎まず、その身を持って命の大切さを伝え続けてきたのだから……。いや、未来だけではない。多くの保護犬たちもまた、つらい生い立ちを背負いながらも、飼い主や周りの人たちに多くの幸せを与え続けていく、泥の中で咲いた美しい花といえるだろう。


その後も、未来を連れて命の授業に行くたびに思った――。

もし、私がジョアンと出会っていなければ、もし、ジョアンがルーフスを引き取っていなければ、私は未来と出会うことはなかった。こうして長きにわたり、仕事のパートナーとして未来とともに学校や少年院に行くこともなかったはずだ。

障がいを負った保護犬・未来は、まさに私にとって〝運命の犬〟となった。


未来と出会ったことで、私の仕事にも大きな変化が訪れた。

ここ20年以上にわたり書いた子ども向けの本の大半が、保護犬をテーマにした作品で、我が家の未来を描いた〝捨て犬・未来シリーズ〟（岩崎書店）は、私の代表作となった。

私が子ども向けの本で保護犬を取り上げるのは、保護犬の魅力に取りつかれたのも理由の一つだが、児童書としての確固たる大義名分がある。


まず、私が知らなかったことを徐々に学んでいったように、動物愛護センターのことや、捨てられる命について子どもたちに考えてもらいたいということ。捨て犬問題は〝人間がつくった災害〟で、保護犬はその災害の被害者だということ。

だからこそ、ペットショップやブリーダーから犬を迎えるだけではなく、捨てられた命にも目を向けてほしいということ。そして、その命を自分たち人間の力でキラキラに輝かせることの素晴らしさを知ってほしいということ。

最も大切なのは、命を捨てるのも、命を守り大切にできるのも私たち人間だということ。そして、同じ人間なら命を捨てる側と守る側、どちらの人間として生きていった方が幸せか、子どもたちに自問自答してもらいたいと願っているからだ。

これは命の授業でも一貫している、私の普遍的なテーマである。

しかしながら、これらのメッセージの発信源は私ではない。

このメッセージは、保護犬・代表者、捨て犬・未来からのメッセージで、私は未来のメッセージを人間の言葉に翻訳して、子どもたちに伝えているだけなのだ。

こうして未来と出会った私は、その後、多くの保護犬やそれを取り巻く人たちと出会うこととなった。

保護犬にはそれぞれドラマチックな〝犬生〟があり、言葉なき保護犬から発せられるメッセージは、私たち人間が生きていく上で学ぶべき、とても大切なメッセージであることが多い。

そのメッセージにいかに耳を傾けるかで、私たち人間もまた人として美しく成長できるのではないかと思う。

保護犬たちが教えてくれたこと

- 誰かを幸せにすることは、自分を幸せにすること
- 命を預かることに、失敗は許されない

エピソードIII

ヒロシ先生の動物病院劇場

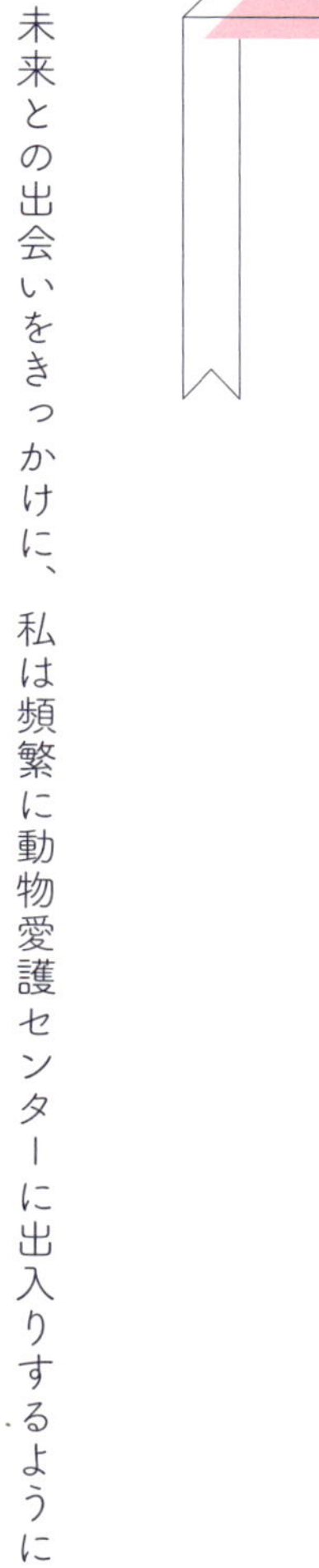

犬のハナコの恩返し

未来との出会いをきっかけに、私は頻繁に動物愛護センターに出入りするようになった。

麻里子さんだけでなく、多くの保護ボランティアと知り合ったことで、私自身もセンターに収容された犬を保護し、新たな飼い主探しを一時だけ担うようになったからである。

私がこれまで保護し、譲渡した犬は8頭。譲受先の中には、未来の主治医夫妻もいた。

センターから保護した子犬の健康診断を受けるため、動物病院に連れて行ったところ、受付にいた奥さんのミチヨさんが、「飼い主さんを探しているのなら、うちで譲り受けたい」と申し出てくれたのだ。

それまで彼女とは、病院の中で必要なことしか言葉を交わさなかったが、保護犬の〝譲渡人〟と〝譲受人〟という立場をきっかけに、私たちは急速に親しくなった。

そんなある日のこと、知り合いの編集者から獣医師をテーマにした本の執筆依頼を受けた私は、ミチヨさんのご主人であるヒロシ先生の物語を書こうと考えた。

そもそも依頼を受けたのは、児童書の写真絵本である。最初は、獣医師の仕事を〝動物の命を助ける素敵な仕事〟として、子ども向けに楽しく書く予定だったが、ヒロシ先生に話を聞いていくうちに、獣医師の仕事というのは、動物が好きなだけではできない仕事だということを痛感した。

だからこそ、ヒロシ先生の人間的な魅力が一番伝わる物語で、この絵本の原稿を完成させようと思った。それが『犬のハナコのおいしゃさん』（WAVE出版・2013年）

だ。

これは〝ハナコ〟という1頭のミックス犬をヒロシ先生が保護するに至った話で、今から20数年ほど前の出来事である。

ある日、ヒロシ先生の動物病院に交通事故に遭った1頭の中型犬、ハナコが飼い主に抱かれて運ばれてきた。ハナコはまだ生後6カ月ほどのメス犬で、ハナコの犬生は始まったばかり。ヒロシ先生は幼いハナコの今後のことを案じながら丁寧に診察をしたが、結果は耐え難いものだった。

ハナコの脚は完全に麻痺しており、歩くことはおろか、このままではもう立つこともできそうになかったからだ。

飼い主にはつらい話となるが、正直に診断結果を告げなければならない。

「後ろ足は不自由なままで、今後歩くことはできないと思います……」

ヒロシ先生が言うと、飼い主は悲しむどころか「歩けないのならいらない」と、まるで壊れたおもちゃを捨てるかのように言い放った。

「歩けないから、いらないのですか？」

「そう。歩けない犬なんていらない！」

ヒロシ先生は、飼い主の無責任さに半ば呆れ、怒りを覚えたが、飼い主の不注意でこんな姿になってしまったハナコがかわいそうでならなかった。

「では、歩けるようになったら飼ってくださるのですか？」

飼い主は一瞬考えるように黙ったが「ちゃんと歩けるなら……飼ってもいいです」と、他人事のように言った。

「では、約束ですよ」

ヒロシ先生は、「歩けるようになれば、大切に飼う」という飼い主との約束を条件に、無償でハナコの手術を請け負うことにした。

「ハナコ、必ず歩けるようにしてあげるからね……」

しかし、先生の努力もむなしく、麻痺したハ

子犬の頃のハナコ

ナコの脚は、手術をしても元通りにはならなかった。

下半身が麻痺してしまったハナコは、歩けないだけではなく、膀胱も麻痺して尿意を感じることができず自力で排尿もできない。膀胱が満杯になれば尿は漏れて出てくるが、そうなると常に膀胱の中は尿で満たされている状態となり、細菌感染して、腎臓病になってしまう。

そのため、朝・晩、人間の手で腹部を圧迫してオシッコを出してあげなくてはならなかった。


ヒロシ先生から手術の結果を知らされた飼い主は「歩けないのなら安楽死をお願いします」と、ハナコを見て、涙一つ流さずに言った。

そもそも飼い犬が交通事故に遭う原因や責任は100%飼い主にある。

それでもヒロシ先生は、飼い主を責めることは一切しなかった。

飼い主に「自分の犬だから大切にしてあげてください」とも言わなかった。「歩けないからいらない」という飼い主に、排尿の介助や世話が務まるとは思えなかったからだ。

ヒロシ先生は、ハナコの脚が治らないとわかった時点で、すでにハナコを自分で飼う決心をしていたのである。

こうしてヒロシ先生に飼われることとなったハナコは、毎朝、毎晩、ヒロシ先生や病院スタッフの介助で排泄をし、歩けない脚の代わりに車いすを作ってもらった。

車椅子のハナコ

車いすをコロコロ引きながら、ハナコは毎日ヒロシ先生と満面の笑みを浮かべて元気に歩いた。犬にとって散歩は、QOLを保つ上でも欠かせない日課だ。それは後ろ足に障がいのあるハナコにとっても、我が家の未来にとっても同じこと。

障がいがあるからといって、散歩がまったくできなくなってしまったら、犬という生き物のQOLは、うんと低下してしまうだろう。障がいがあっても、老犬になっても、彼らのQOLをどう保つか、創意工夫を凝らすのも命を預かる飼い主の責任だ。

案の定、ハナコは散歩が大好きになった。

ヒロシ先生を見上げながら車いすを引くハナコの姿は、ヒロシ先生への信頼と喜びでいっぱいだ。

ヒロシ先生は、ハナコを撫でながら穏やかな笑みを浮かべて言う。

「犬にもそれぞれ個性があるんだよね。ハナコは少々内気な性格。でも散歩が大好き！　交通事故で後ろ足が不自由になってしまったけど、それもハナコの個性の一つですよ。そういう個性や性格の違いを人間が前向きに理解し、尊重する気持ちからやさしさって生まれると思うんです。すべての飼い主さんが、そんな気持ちで犬や猫を幸せにしてくれたら、それが獣医師として一番の喜びだし、仕事への誇りに繋がるんです。そして何より、最期まで一緒にいてあげること……それに尽きるでしょうね」

ハナコはヒロシ先生の理解とやさしさのもと、保護犬として最高のセカンドチャンスを手に入れた。

そのことを一番感じていたのは、ハナコ自身だったのだろうか。

ヒロシ先生に命を救われたハナコは、その後、供血犬（病気やケガで輸血が必要な犬に血を分ける役割）として、命の危機に面した犬たちを次々と救っていったのである。

犬の血液型は犬赤血球抗原（DEA）式で分類され、DEA1・1、1・2、3〜8、それぞれの犬赤血球抗原を持っているか否かによって陽性（＋）と陰性（－）に分けられる。

例えば、DEA1・1（＋）、DEA1・2（－）というように表わされ、国際的に認められている8種以外にも型があるといわれている。したがって犬の血液型は、人間より複雑だ。

その中で、すべての犬に輸血できるのはDEA1・1（－）なのだが、日本で飼われている犬は（犬種にもよるが）DEA1・1（＋）が圧倒的に多い。しかも、現在日本には、犬や猫の血液バンクがないため、必要な時に輸血できる血液はいつも不足している。
そのため〝供血犬〟を飼育している動物病院もあるが、供血犬になるには様々な条件がある。

供血犬（献血ドナー）になれる条件

- 血液型がDEA1・1（－）である
- 老犬ではなく、健康（内臓疾患や皮膚疾患などがない）
- 輸血を受けたことがない
- 予防接種をしている。ただし、10日～2週間以内には受けていない
- ある程度の大きさがあり（中型犬以上で）肥満体ではない
- フィラリア症などの感染症や寄生虫症にかかっていない
- 特殊な薬を飲んでいない
- 血小板が正常である

● 血液上異常がない（貧血ではないなど）
● 麻酔や鎮静剤をせず献血ができる、温和な性格
● オスまたは妊娠・出産経験のないメス

条件は各病院によって異なるが、ハナコはこれらの条件をすべて満たした犬だった。

ハナコが供血犬として、ヒロシ先生とともに命を助けた犬は、実に数十頭にものぼる。ハナコは救われたその命を、ヒロシ先生のところに来た犬たちに返し続けたのだ。

■供血するハナコ

高齢になってからは供血犬を引退し、その後も、病院のスタッフとして受付の奥のバックヤードで静かにみんなを見守っていたハナコ。

ヒロシ先生への恩返しを終えたハナコは、亡くなるその日まで病院スタッフみんなに可愛がられながら、16年間の天寿を全うした。

犬と人間――。

言葉が通じない分、心と心は人間同士より強く、深く繋がっているのだと思う。ハナコは天国に行く最後の時まで、ヒロシ先生に「ありがとう」とずっと言い続けていたのではないだろうか――。

ヒロシ先生の病院のバックヤードには、今もハナコの写真が飾られている。そこには、車いすに乗っているハナコの永遠の笑顔が、消えることなくあり続ける。

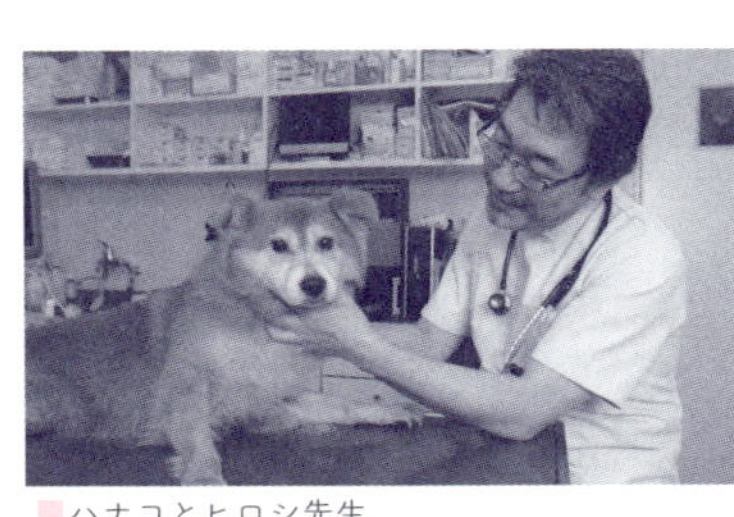

ハナコとヒロシ先生

懐かない猫・ビーちゃん

犬は飼い主への情に厚く〝犬は三日飼えば三年恩を忘れぬ〟という言葉どおり、ハナコは典型的な〝犬〟という生き物に思えた。

一方、ヒロシ先生の病院の前に捨てられていた子猫のビーちゃんは、最も猫っぽさを持った生き物で、ハナコとはまったく逆方向から〝人と動物の繋がりの深さ〟を教えてくれた猫である。

ビーちゃんは、今から20数年前、ヒロシ先生の動物病院の駐車場に、ぬいぐるみと一緒に段ボール箱に入れられ、捨てられていた子猫だ。

最初に見つけたのはミチヨさんで、まだへその緒がついている状態だった。

その日は暑い日で、ミチヨさんは慌てて病院に運び入れたが、子猫は瀕死状態。誰が見ても、助かりそうな状態には見えなかったという。

それでも、ヒロシ先生もミチヨさんも、一縷の望みを捨てなかった。

子猫は弱りきっていて、自力でミルクを飲める状態ではなかったため、ヒロシ先生はシリンジ（注射器の針がないもの）の先にチューブをつけ、胃の中に直接ミルクを流し込み、様子を見ることにした。


栄養失調が明らかだった子猫に必要なのは、まず栄養補給だ。

「頼む……頑張ってくれよ……！」

ヒロシ先生は必死に祈りながら、子猫にミルクを与えた。スタッフたちの気持ちも同じだった。

その日からみんなが協力して、2時間おきにミルクを与えると、子猫はあれよ、あれよと回復に向かっていった。そしてビー、ビーと、元気によく鳴くようになった。

こうなればもう一安心だ。

「ビーちゃん、また鳴いている」

よく鳴く子猫は、みんなから〝ビーちゃん〟と呼ばれるようになった。

ビーちゃんは、ロシアンブルーのようなグレーに近いシルバーの毛をしたとてもきれいな子猫に成長していった。

そんな中、ビーちゃんの様子を見ていた、ヒロシ先生夫妻の8歳の娘、クミコちゃんが「ビーちゃんを家で飼いたい」とおねだりした。

ヒロシ先生もミチヨさんも、ミルクから育てたビーちゃんに愛情が湧かないわけがない。

こうしてビーちゃんは、ヒロシ先生一家の家族となった。

その後もビーちゃんは、病気をすることなく元気に育っていった。

ところが――。

ミルクから育てたにもかかわらず、ビーちゃんは、まったく誰にも懐かなかった。

飼い主であるヒロシ先生やミチヨさん、クミコちゃんの姿を見ると、サッと隠れていなくなってしまうのだ。

爪切りや医療ケアの時は、ヒロシ先生が捕まえて処置をしていたが、食事は人がいない隙を狙って食べ、まるで家庭内の野良猫のように暮らしていたという。

「人を見ると、シャーっと威嚇するの？」
そう私が聞くと、ミチヨさんは
「うーん……威嚇したり怒ったりするんじゃなくて、逃げて近づかない、という感じかなあ……」
と、答えた。

元々野良だった猫が人に飼われるようになると、慣れるまで相当時間がかかる場合もあるというが、ビーちゃんが捨てられていたのは生まれて間もない頃のこと。人間不信で人を避ける、という理由は当てはまらない。

だからといって、怒って咬んだり、猫パンチを繰り出すこともなかったが「ビーちゃん」と名前を呼べば逃げる。野良の方がまだ懐くのではないか、というほどビーちゃんは人に懐かない猫だった。

ビーちゃんはなぜ、ヒロシ先生一家に懐かないのだろう……。犬も猫も、年月を経ていけば、やがて家族の一員となり、信頼関係を築けるようになるのではないのか……？

この付かず離れずの関係は、ビーちゃんが10歳を過ぎ、15歳を過ぎても続いた。しかし、当のビーちゃんにとって、ヒロシ先生やミチヨさんとの暮らしは、ストレスフリーで実に居心地がよかったのか、健康で病気一つしないまま、室内飼いの猫の

スマートフォンに顔を乗せているビーちゃん

平均寿命が約16年といわれている中で、ビーちゃんはついに20歳の大台を迎えたのである。人間に例えると、約96歳だ。

そして、この大台を過ぎた頃から、何故か突然、ヒロシ先生やミチヨさんを見て「にゃー……」と近づき、甘えるようになった。20歳になったから「もういいや！　解禁（何が解禁かわからないが……）」と言わんばかりの変わりようだった。

その2年後、ビーちゃんは22歳という超高齢で天寿を全うし、「わが人生悔いなし」と言わんばかりに、静かに天国に旅立っていった。

ビーちゃんがヒロシ先生たち家族に寄り添ってくれるまでに要した時間はなんと20年。これは驚くべき長い年月といえるのではないだろうか。

「20年間も撫でることができなかったなんて……。瀕死状態だった子を助けてあげたのに、飼い主としてはつらいものがあるよね……」

そう私が言うと、ミチヨさんは
「そう？　そんな子もいるよ」

と、いともあっさり。そして大笑いしながら、

「そもそもビーちゃんは、私たちのことを召使いか、世話係くらいにしか思ってないわよ。猫ってそんなもんでしょう」

と言った。


その時私は、保護犬や保護猫に、何かを期待したり求めたりするのは間違いだ、と教えられたような気がした。

「助けてあげたのに」という恩着せがましい考えは、誰も幸せにしない、ということだ。


その後、保護猫を飼っている友人たちに聞くと「そんな子はたくさんいるよ」との回答。

「スキンシップがとれないなんて寂しくない？」

と、私が言うと
「それは、その子の個性として愛してあげればいい。それからね、そういう子が好きっていう人もいるよ。人も犬も猫もそれぞれ。その子のことを理解してあげれば、愛しさも湧くんだよね」
と言われた。

たしかにそうかもしれない。

未来を引き取った後、多くの人から「そんな大変な子、よく引き取る決心がついたね」と言われたことがあった。しかし、当の本人である私からすれば、迷いがあったのは最初だけで、その後は、未来が愛しくて、可愛くて仕方なかったのだ。

愛情を図る〝他人のものさし〟と〝自分のものさし〟は同じではない。


ヒロシ先生は、天国にいったビーちゃんの思い出を振り返ってこう話す。

「いやー……、触れるようになるまで20年だからね！　もう笑っちゃうよ。そういう子もいるよね。でも最後には、自分たちを信じて寄り添ってくれた。20年越しだったから、余計嬉しかったなあ……」

その時、以前ハナコを撫でながら言っていたヒロシ先生の言葉が、強くよみがえってきた。

『それぞれ個性があるんだよね。そんな個性や性格の違いを人間が前向きに理解し、尊重する気持ちからやさしさって生まれると思う』

言葉をもたない動物たちを理解し、尊重することで生まれる、私たちのやさしさ――。

自分の中にある〝やさしさ〟に出会えた時、私たち人間はきっと、幸せを感じることができるのだろう。

ヒロシ先生は20年間触れることができなかったビーちゃんが寄り添ってくれた時、とてつもなくやさしい気持ちに満たされ、ビーちゃんを抱いたに違いない。触れ合うまでの道のりが長かった分、感動も大きかっただろう。

それは、ビーちゃんなりのヒロシ先生への最大の感謝の印であり、恩返しだったのかもしれない。

クッションの上で休むビーちゃん

ビーちゃんと出会った時8歳だったクミコちゃんは、今では結婚し、2人の子どもにも恵まれ、保護猫2頭と、優しい旦那さんと幸せに暮らしている。
そしてヒロシ先生とミチヨさんもまた、今、甘えん坊のルイちゃんと、生まれつき後ろ足に障がいがあるメイちゃんという保護猫2匹と暮らしている。
ルイちゃんとメイちゃんは、ヒロシ先生やミチヨさんの姿を見つけると、「にゃー」と甘えた声を出し、我先にと言わんばかりに、大喜びで膝に飛び乗ってくるそうだ。
ビーちゃんとは正反対の性格だが、どの子に対してもヒロシ先生、ミチヨさんの愛情は変わらない。愛猫の話をしている時の二人はとても幸せそうだ。

そしてふと思う。ビーちゃんを捨てた飼い主は、ビーちゃんのことを思い出したことがあるのだろうか。

命を捨てるのは一瞬だが、救うことは一瞬では終わらない。

救ったその瞬間からスタートし、その命の寿命が尽きるまで幸せにしなければならない。ビーちゃんがヒロシ先生の家で22年もの歳月を過ごしたように、捨てられた命を救うことは、その年月をも覚悟しなくてはならないのである。

ところが、そんなことなどまるで考えず、ビーちゃんのように、犬や猫を無責任に捨てる飼い主たちが後を絶たない。

また動物病院というところは、犬や猫を捨てる場として都合のいい場所だと思っている人もいるようだ。

捨てた飼い主は動物病院の前に犬や猫を置き去りにすることで、「犬や猫をほかに預けた」と自分に言い訳し、納得させて自身の罪悪感を回避しているように私には思える。

獣医さん＝犬猫が好きで、そこに置けば（つまり捨てれば）助けてもらえるとでも思っているのだろう。

そんな身勝手さが許されるはずもないが、捨てた飼い主を「ふざけるな！」と一言で片づけられないケースも、ヒロシ先生の動物病院にはあった。

置き去りにされた犬

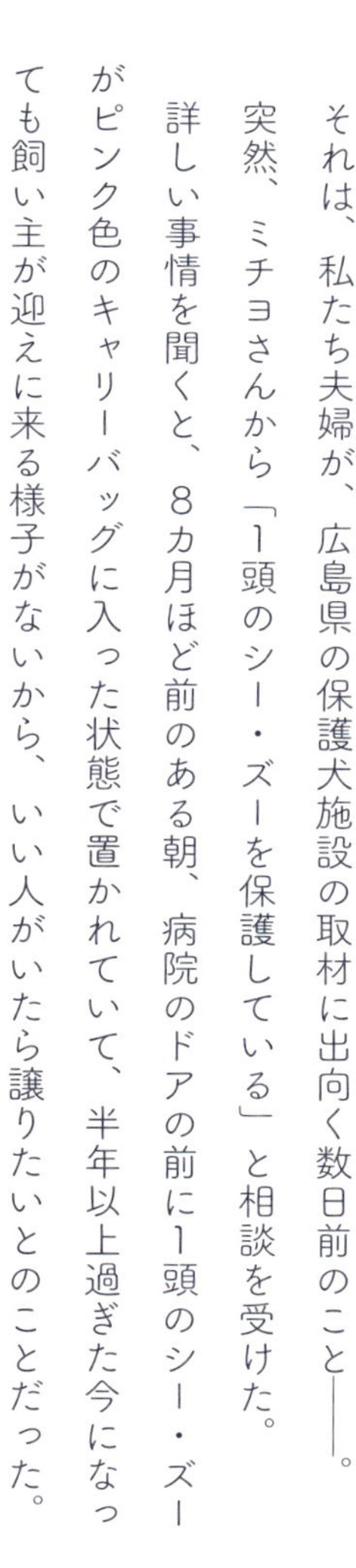

それは、私たち夫婦が、広島県の保護犬施設の取材に出向く数日前のこと――。

突然、ミチヨさんから「1頭のシー・ズーを保護している」と相談を受けた。

詳しい事情を聞くと、8カ月ほど前のある朝、病院のドアの前に1頭のシー・ズーがピンク色のキャリーバッグに入った状態で置かれていて、半年以上過ぎた今になっても飼い主が迎えに来る様子がないから、いい人がいたら譲りたいとのことだった。

名前はわからないので、病院のみんなは〝太郎〟と呼んでいるらしい。

太郎はオスのシー・ズーで、歯の状態から5歳くらいだろうと判断された。

「保護した後、すぐに警察にも届け出たし、もしかしたら飼い主さんが迎えにくるかと思って、うちの病院のホテルでずっと預かっていたんだけど、さすがに半年以上過ぎた今となっては、どうしたものやら……やっぱり捨てられたのかなあ……」

ミチヨさんが、飼い主が迎えに来ると思って8カ月以上にわたり太郎を病院で保護していたのには訳がある。

まず、太郎はきちんと世話をされていた様子で、毛並みもきれいでトリミングもされており、去勢手術も済んでいた。フィラリア検査も陰性で、予防もきちんとされていた様子だったからだ。

「それとねえ……一番ひっかかるのは、太郎が入っていたピンクのキャリーバッグなんだけど、値札がついたまんまの新品だったんだよね……。犬を捨てる人が、捨てる犬のためにわざわざお金を出して、新しいキャリーバッグなんて買うかなあ……？」

たしかに不思議だ。

動物愛護センターに持ち込まれたり、捨てられたりした犬は、手入れなどまったくされていない。中には見るも悲惨なほどノミやダニをびっしりつけてやってくる犬もいるのだ。

「飼い主さんに何か事情があって、仕方なく手放したんじゃない？」

と、私が言うと

「そうそう。だから、もしかして迎えに来るんじゃないかと思ってこれまで預かっていたんだけど、もう8カ月だから、誰か飼ってくれる人がいたら、お願いしたいなあと思って」

ミチヨさんに言われて、私は広島に行く前に太郎の写真を撮影し、多くの保護主が利用している〝飼い主募集サイト〟に掲載することにした。

「飼い主希望者が現れたら、すぐに連絡しますね！」

ミチヨさんにそう伝え、私たちは未来たちをヒロシ先生のホテルに預けて広島へと向かった。

私たちが向かった保護犬施設には100頭を超える犬がいた。

多くは元野犬で、動物愛護センターに収容された犬をこの保護施設で引き取り、世話や馴化トレーニングをしながら飼い主探しをしているのである。

1日目の取材が無事終わり、保護施設の代表と食事をしていた私は、ふとスマートフォンに入っていた太郎の写真を見て、独り言のように「誰かシー・ズー、ほしい人いないですかね?」とボソッと言った。

すると代表が「え、シー・ズー? ほしい人いる! いますよ!」と興奮気味に言った。

あまりにもタイミングがよすぎるではないか。

しかし、「ほしい=はい、どうぞ」と簡単に渡すわけにもいかない。私が未来を譲り受けた時もそうだったが、多くの保護主は、譲渡希望者にアンケートを取り、事前に人柄や飼育環境を確認する。

その上で、犬と希望者とのお見合いをし、トライアル期間を設け、互いの相性を確認して正式譲渡となる。

ペットショップやブリーダーから購入する場合は、基本的にお金を出せばそれで終わりだが、ある意味、保護犬・保護猫を迎えることはハードルが高いのだ。

それは保護主の「もう二度とつらい目に合わないよう、今度こそ確実に幸せになれるように」との願いからなのである。結果、譲渡にも慎重を要する。

「どんな人ですか?」

聞いてから私は愚問だと思った。

そもそも彼女は、保護犬施設を運営しているプロなのだ。譲渡までのプロセスも、私なんかとは比べ物にならないほど、きっちりと理解し経験を積んでいる。

すると彼女は、私が怪訝に思ったのを悟ったのか、大げさなほどの笑みを浮かべて自信満々に言った。

「いい人です。お墨付き! 70代のご夫婦で、以前飼っていたシー・ズーを亡くされたので、また迎えたいんですって。高齢なので子犬は無理だから、成犬で保護されている中にシー・ズーいませんか？　って、うちの施設に連絡があったんですが、そもそもうちにいるのは、ほとんどが野犬。シー・ズーなんていません……。でも、何度も連絡をもらっていたので、ずっと気にはしていたんです」

いい人なのはわかったが、70代とはいただけないと私は思った。太郎は推定5歳なので、少なくともあと10年は生きるだろう。果たして、最期まで面倒が見られるのだろうか？

再び彼女は、そんな私の気持ちを瞬時に読み取ったようだ。

「とにかく一度、お見合いだけでもセットしてもらえませんか？　本当にいいご夫婦なんです」

と、懇願するように言った。

「わかりました。保護しているのは知り合いなので、電話で聞いてみます」

私は、席を立って外に出ると、ミチヨさんに電話をした。「70代のご夫婦で希望者がいる」と伝えると、ミチヨさんはぜひお見合いをお願いしたいと快諾した。

不安がないわけではなかったが、保護主は私ではなくミチヨさんだ。ミチヨさんが「ぜひ」と言い、保護施設代表のお墨付きならば、一度会ってみるのもいいかもしれないと思った。

しかも、希望者の自宅は東京で、千葉までお見合いに来るのも何ら問題のない距離だった。

シー・ズーが好き！　というより、シー・ズーしか目に入らないという久保田静廣さん夫妻が千葉にやってきたのは、取材からわずか2週間後のこと。

とても穏やかで素敵な人柄のご夫婦だった。

しかし、言うべきことは言っておかなければならない。年齢の不安を私が口にすると、夫の静廣さんは「おっしゃることはよくわかっております。もしも我々に何かあった場合には、娘が面倒を見てくれる約束ですから、ご心配なさらないでください」と、気を悪くするでもなく、笑顔で答えてくれた。

ミチヨさんも久保田さん夫妻の人柄を気に入ったようだ。

ヒロシ先生にも年齢のことを話すと、「何かあったらうちにまた帰ってくればいいよ」と実に柔軟な対応だ。


こうして、とんとん拍子で太郎の嫁ぎ先が決まり、太郎は元気に久保田さん夫妻のもとへピンクのキャリーバッグとともに旅立っていった。

あまりにも順調に事が進み、あっけないくらいだった。何はさておき、無事いい飼い主のもとへ送り届けることができたのだ。

ロンの散歩風景

太郎はその後、久保田さん夫妻の先代シー・ズーの名前を引き継いで〝ロン〟と命名され、静廣さんと一緒に、散歩がてら地元の小学生の登下校を見守る〝わんわんパトロール〟が日課となった。

その様子は、靜廣さんのＳＮＳでも発信され、ロンがどれだけ愛され、可愛がられているのかが伝わってきた。毎日たくさん散歩をして、多くの犬友達や子どもたちと過ごす時間は、ロンにとっても靜廣さんにとっても最高のひとときだろう。

靜廣さんは、その様子をミチヨさんと私に手紙でも報告してくれた。とても筆マメな人だ。

私とミチヨさんはその手紙を読んで、久保田さん夫妻が新しい飼い主になってくれて、本当によかったと思った。

ロンがあと10年以上生きるとしても、今の日本人の平均寿命からして久保田さん夫妻がロンを看取れる可能性は高い。久保田さんご夫妻の健康と長寿を祈って、「めでたし、めでたし」と、私はミチヨさんと祝杯を挙げた。

そのわずか1カ月後——。

ヒロシ先生の動物病院のドアに、緑色の封筒に入った一通の手紙が差し込まれていた。

差出人は不明だが、ロンの元飼い主だということはスタッフの誰もがすぐにわかったとミチヨさんは言う。

手紙にはこう書かれていた。

『何度も電話をしようと思いました。手紙を書こうと思いました。でも、できませんでした。

私は、あの日、シー・ズーのレオ（10歳）を病院の前に置いた人間です。ずっと、自分のしたことを悔やんできました。

大切な人を亡くし、生きる気力もなく、最初はレオを連れて死のうとしました。

でも、レオにじっと見つめられたら、そんなことはできなくなったのです。レオを道連れにすることなどできません。

一人で死のうと思い、あの日、レオを病院の前に置き去りにしました。

そして、レオが病院の中に入るまでずっと、遠くから見ていました。その足で、ある海沿いの街に行き、そこで出会った人に助けられ、再び生きる決心をしました。

ただ、一つ気になるのはレオのことです。レオはどうしているのでしょうか？　病院にはもういないのでしょうか？　保健所や動物愛護センターに連れて行かれ、殺処分されてしまったのでしょうか？

今さら身勝手で、「何を」と思われるでしょうが、気になって仕方がないのです。思い出がいっぱいあり、レオを忘れることができません。ずっと黙っていようと思いましたが、つらいです……。

今も私は病院の前を毎日通っています。

お願いです……。

レオが元気なら「〇」、レオがもうこの世からいなくなってしまったのなら「×」と、病院のドアに張り出してもらえないでしょうか？　わがままなお願いですみません。

もう一度、レオに会いたいです……』

この手紙をミチヨさんから見せてもらった私は、あの新品のピンクのキャリーバッグの意味をようやく理解できた。元飼い主は、本当にロン（レオ）のことを可愛がり、大切にしていたのだ。

ソファーの上にいるロン

ロンの年齢が10歳で、推定年齢よりずいぶん上だったことも、驚きだった。

あの新品のピンクのキャリーバッグが物語っているとおり、ロンは愛されて、元飼い主の手入れや世話がよかったため、実年齢よりずっと若く見えたのだ。

そうなると、すでにロンは高齢にさしかかっている。シー・ズーの平均寿命は13～15年といわれているため、結果的に70代の久保田さん夫妻に譲渡するにはちょうどいい年齢だったのだ。

元飼い主にどんな事情があったのかはわからないが、よほどの決心をしてロンを病院の前に置いていったのだろう。

この手紙を見た病院スタッフの中には「自分勝手に捨てたんだから、報告なんてする必要ない」という意見もあった。

ヒロシ先生も伝えることがいいのかどうか悩んだと言う。もし元気にしていると伝えれば「返してくれ!」と言うかもしれないからだ。

久保田さんのところで幸せに第二の犬生を過ごしていることを考えれば、何もしないほうがいいとも思えた。


しかし、ミチヨさんの考えは違った。ロンの元飼い主もきっと苦しんだはずだ。もうロン（レオ）のことは心配しないで、苦しまず、新たな人生を安心して送ってほしい、とミチヨさんは願った。

翌朝、ヒロシ先生は、その願いどおり大きく〝〇〟と書いた紙を病院のガラスドアに張り出した。

きっと、元飼い主は、ロンを置き去りにしたこの9カ月間、何度もここを通っていたに違いない。その〝〇〟で、元飼い主はようやく安堵を手に入れ、安心して前に進むことができただろう。

ヒロシ先生と、ミチヨさんが救ったのは犬のロンだけではない。死ぬほど苦しんだ元飼い主の心をも結果的に救ったのである。


その後、ロンは平均寿命を超える18歳で天寿を全うし、眠るように天国へとお引っ越しした。

天国にいったロンはきっと、恨むことなく、元飼い主のこともそっと見守ってくれていることだろう――。犬とはそういう生き物なのだ。


ヒロシ先生は今年68歳になるが、今も地元のホームドクターとして、多くの飼い主に信頼され、診療を続けている。白髪がずいぶん増えたヒロシ先生と、彼をサポート

するミチヨさんは、いつも不思議なオーラに包まれているように私には見える。
きっと、多くの犬や猫がこの二人の守護神となって見守っているのだ。
それは、これまで彼らが二人三脚で、どれだけ多くの犬や猫、そして飼い主の心を救ってきたかを意味しているのである。

保護犬と保護猫が教えてくれたこと

●相手の心に寄り添えば、自分の中の〝やさしさ〟に出会える

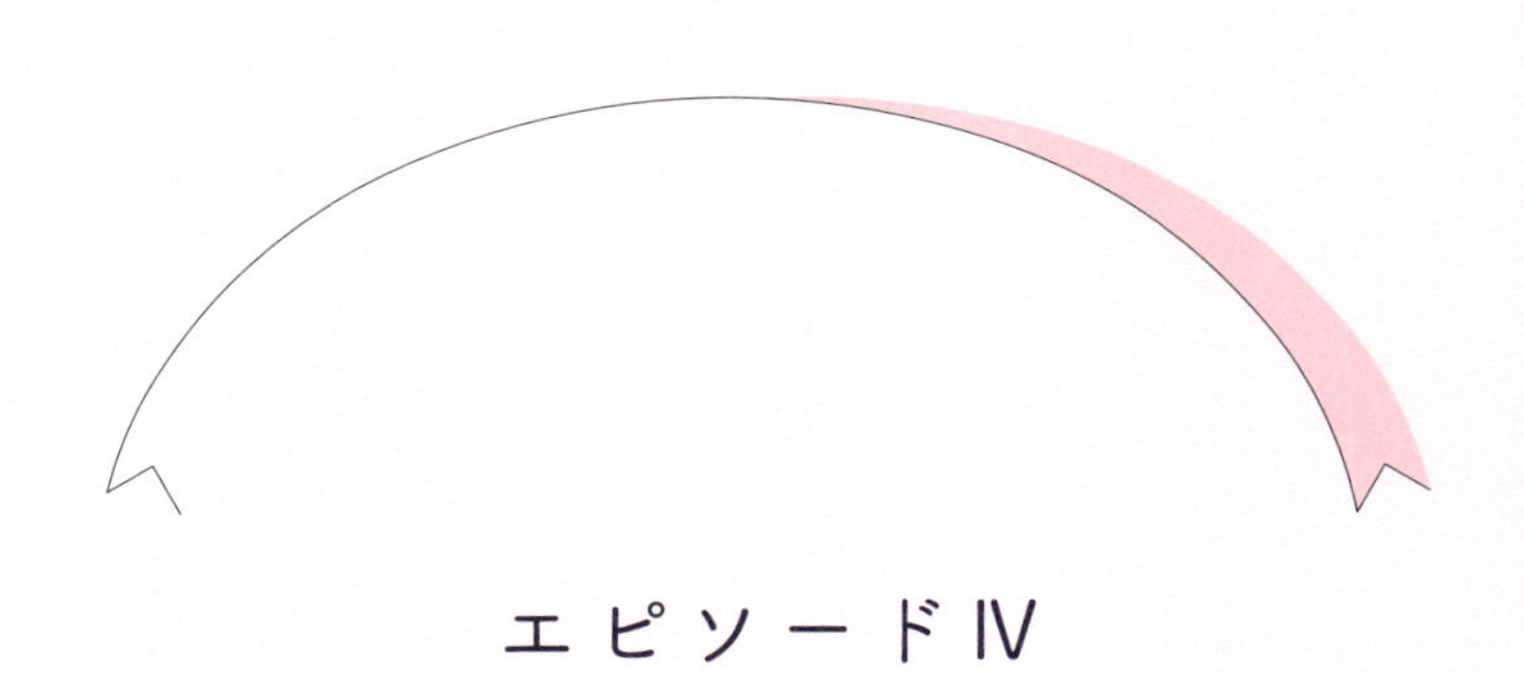

エピソードⅣ

野良犬狂騒曲

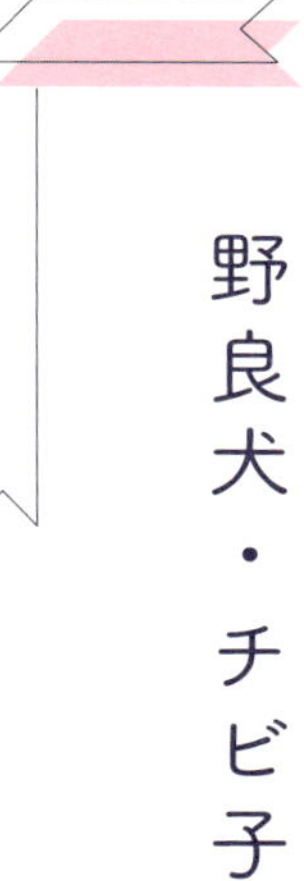

野良犬・チビ子

ヒロシ先生とミチヨさんのように、まるで犬の守護神を背負ったがごとくオーラを放つ夫婦はほかにもいる。未来との出会いがきっかけで友人となった、保護ボランティアの片岡純子さん・幸弘さん夫妻だ。

保護活動を主に担っているのは純子さんで、純子さん夫妻は、これまで家族となった5頭の愛犬と、入れ替り立ち替りやってくる保護犬たちと暮らしている。これまで純子さんが保護した犬は70頭を超え、家族となった5頭もすべて保護犬だ。

そんな片岡さん夫妻の最初の犬との出会いは、今から30年近く前のこと。

寒い冬のある日。神社で捨てられていた1匹の白い子犬を見つけた片岡さん夫妻は、その場で子犬を保護し、家族として迎え入れた。

〝パフィー〟と名付けられたその子犬は、子どものいなかった二人の生活に大きな光を与えてくれたという。犬との暮らしがこれほど心豊かになるものだと、パフィーが二人に教えてくれたのだ。

その後、パフィーのように捨てられた犬を1頭でも多く救いたいと、純子さんは動物愛護センターに収容された犬を保護し譲渡する、保護ボランティアとして活動を開始した。自分が保護した犬たちが、新しい飼い主のもとで幸せになっていく姿を見るたびに、自分も幸せの階段を一段、また一段と、のぼっていけるような気持ちになれた。

保護ボランティアは、彼女に大きなやりがいと達成感をもたらしてくれたのだ。

時間もお金もかかるが、勇気一つで、多くの命を救うことができる活動に、純子さんはいつしか夢中になっていった。

あっという間に数年が過ぎ、片岡さん夫妻は、閑静な住宅街に戸建て住宅を購入し、愛犬パフィーとともに、新たな生活を始めることになった。

幸弘さんとパフィー

片岡さん夫妻が新たな住まいに選んだのは、ゴルフ場が隣接する自然豊かな住宅地。四季折々の木々の変化も楽しめて、パフィーの散歩にも申し分のない住環境だった。
ところが、住宅街を一歩出ると、そこは野生のイノシシやたぬきが生息する山林地帯。
そして、この引っ越しの日を境に、新天地で保護活動を続ける純子さんの〝野良犬狂騒曲〟が始まったのである。

新居への引っ越し翌日、自宅から徒歩5分程度のスーパーに出かけた純子さんは、スーパーの裏手の小高い丘で1頭の犬がウロウロしているのを見かけた。

純子さんが気にして見ていると、犬はそれに気づいたのか、周囲を警戒しながらこちらを見下ろしているのが見える。中型のミックス犬で、体重は12～13kgほどありそうだ。犬は薄汚れていて、飼い犬には見えない。その様子から野犬だと思われた。

まだ若いようだが、野良生活に慣れているのか、警戒心はかなり強い。純子さんが近寄ると、犬はけたたましく吠えた。「近寄るな！」と警告しているようだ。

保護活動に気合が入っていた純子さんは、すぐにでもその犬を保護したいと思ったが、そう簡単にはいきそうにない。子犬だったパフィーと違い、その犬からは決して人間を近づけようとしない、野犬独特の威厳がにじみ出ていたからだ。

まずは、人への警戒心を解くため、餌付けをして慣らさなければならない。そう思った純子さんは毎朝餌を持って、犬のいるスーパーの裏手の丘に行き、声をかけた。

しかし、純子さんを見ると犬はサッと逃げて一定の距離を置いて警戒し、絶対に近づこうとはしない。ある程度離れた場所からこちらをじっと見て、様子をうかがっているようだ。

一筋縄ではいかないな、と純子さんは思った。

それからも純子さんは、毎日餌を持って犬を見に行き、声をかけた。

「チビ子！　大丈夫だからね！」

その犬は、決して小さな犬ではなかったが、母親が子どもに「おチビさん」と親しみを込めたニックネームをつけるように、純子さんは犬に〝ちび子〟と名付け、少しでもスキンシップを取れるよう、毎日チビ子に会いに行った。

しかし、チビ子の警戒心が解ける気配は一向にない。

考えた末、純子さんは、自宅の最寄りの保健所に相談し、チビ子の保護に協力してもらうことにした。

純子さんから相談を受けた保健所の職員は、早速、捕獲器を使って、保護に乗り出した。

捕獲器はステンレス製の箱で、奥に餌を置き、犬が餌を食べようと箱の中に入ると扉が落ちて閉まる仕組みになっているが、野犬は警戒心が強く、簡単には捕獲器に入らない。

チビ子はその典型で、すこぶる警戒心が強く、何度捕獲器を仕掛けても、入る気配がまったくなかった。チビ子の代わりに捕獲器にかかるのは野生のたぬきばかりだ。

チビ子は、そのすべてが罠であるのを理解しているかのように、純子さんたちが設置した捕獲器には決して近寄らず、中に置いた餌に、見向きすらしなかったのだ。

「あの子は賢すぎて、ベテランの職員100人がかりでも捕まりませんね」

保健所の職員もお手上げである。職員はまるで感服したかのように、たぬきを捕獲器から出して放してやると、大きなため息をついた。

そうこうしているうちに、チビ子の保護作戦が、町内会中に知れ渡り「危険な野犬は即刻捕まえて殺すべき!」と、純子さんのもとへ苦情が殺到しはじめた。

「何をやってるんだ！　さっさと駆除しろ！　子どもが咬まれたらどうするんだ！」

「申し訳ありません。必ず保護しますから、もう少し待ってください」

「待てって、いつまで待てって言うんだ！」

「保健所にも協力していただいて、捕獲器も設置してもらっています」

「だからいつなんだ！」

それがわかれば苦労はない、と純子さんは言い返したくなった。

しかし彼女の思いなどおかまいなし。駆除派の人たちは、ますます勢いに乗って純子さんを威嚇しはじめた。これ以上長引けば、チビ子の身に危険が及ぶ可能性が高い。

追い詰められた純子さんは、保護ボランティアを長くやっている犬友達に相談した。

「保護するのはいいけど、無事保護できたとして、その後はどうするの？　新しい飼い主さんを探すの？」

友人に聞かれるまでもなく、純子さんの心は決まっていた。

「人馴れできていないチビ子に新しい飼い主さんを見つけるのは難しいと思う。もし無事保護できたら、うちで飼うつもりでいるよ」

純子さんの意向に、夫の幸弘さんも賛成していた。

駆除派の近隣住民たちが変に動き出す前に、何としても保護する！　純子さんたち保護チームは、何が何でも保護しなければならないと、再び保健所の職員と話し合うことにした。

「捕獲器での保護は無理ですね。となると、危険ですが最後の手段は、薬餌です」

薬餌――。つまり、睡眠剤の成分を入れたエサをチビ子に食べさせる、ということだ。

餌を食べて睡眠剤が効いてくれれば、チビ子は動きが鈍くなり、意識がもうろうとする。そのタイミングを見計らってチビ子を車に乗せ、前もって連絡しておいた動物病院に急いで運び、点滴で薬の代謝を促しながら、チビ子が目覚めるのを待つというわけだ。

薬餌は、缶詰のウェットフードに睡眠剤を混ぜたものを保健所の職員が準備してくれるという。

「どれくらい睡眠剤を混ぜるのですか?」

純子さんが聞くと、「そうですねえ……だいたい、あの子の大きさからいうとこれくらいですね」と、職員が薬を手に乗せて差し出した。

犬は人間と違い、睡眠剤を飲んでから、意識が遠のき不動化するまでには相当な時間がかかる。結果、短時間で不動化を実現するためには、薬の量を増やすしかない。

しかし、その量に純子さんは驚きを隠せなかった。

「そんなにたくさん入れるのですか?」

「そうです」

薬の量は体重が決め手だが、当然、野犬であるチビ子の体重を計ることはできない。職員がチビ子を目視して体重を想定し、薬の量を調整することになる。

薬の量が多すぎればチビ子は死ぬ……。何か言おうと思ったが、自分は獣医師ではないし、薬のことはわからない。ここは保健所の職員を頼るよりほかかない。

危険は承知の上だ。捕獲器ではチビ子は永遠に捕まらない。

「餌付けは、毎日されていますすよね？」

「……はい。最近は私の目の前でもちゃんと食べてくれるので、疑うことなくこの薬餌も食べてくれると思います」

「当日は、空腹の状態で薬餌を与えてください」

純子さんは、一つひとつしっかりと確かめるように頷いた。

「ありがとうございます。必ず成功させます」


チビ子は薬餌を口にするだろうか？

問題は食べるか否かだけではない。チビ子が薬餌を食べたとしても、薬はいつ効くのだろうか？　もし薬の効き目が遅く、遠くに逃げてしまえば、人間の脚では追いつけず見失ってしまうかもしれない。また、ゴルフ場の中に入ってしまえば、追いかけることができず万事休すとなる。

薬餌を口にした後のチビ子を見失うことは、絶対に許されない。

純子さんは3人の犬友達に協力してもらい、ゴルフ場方面に行かないよう見張りをお願いすることにした。

捕獲の日時も動物病院に前もって知らせ、捕獲が成功した場合にはすぐ点滴処置を施せるよう待機してもらった。

準備万端だが、最大のリスクは薬の効き目だ。タイミングだけでなく、万が一、薬の量がチビ子の体の適量より多ければ意識を失ったまま目覚めない可能性もある。まさに賭けでしかなかった。純子さんも、幸弘さんも祈るような気持ちで、その時を迎えたという。

これで万が一のことがチビ子に起こったら、すべてを諦めるしかない――。

純子さんの話を聞いて〝人事を尽くして天命を待つ〟とはこのことだろうと私は思った。

冷静に考えてみれば、この保護作戦が成功する確率は非常に低いだろう。

なぜなら、すべてが〝たられば〟で組み立てられ、一つでも想定外のことが起こったら失敗に終わるからだ。

「チビ子が薬餌を食べてくれたら」「見ている場所で意識を失ってくれたら」「薬の量が致死量に値しなければ」「チビ子が無事に意識を回復してくれたら」……。

すべてがこの仮説どおりになって、初めて成功と言えるのだ。まさに背水の陣ともいえる保護作戦だった。

薬餌保護作戦当日――。

純子さんは午前9時に、薬餌を持っていつもの場所に向かった。お腹が減っているのか、チビ子がじっと純子さんの様子を見ている。

「チビ子、おはよう！　今日もご飯を持ってきたよ！」

勘のいいチビ子に悟られないよう、努めて平静を装い、純子さんはいつもと同じように声をかけて、餌を差し出した。薬は細かく砕かれていて、見た目にはまったくわからない。

チビ子が、その匂いをふんふんと嗅いでいるが、毎日餌をくれる純子さんを警戒する様子はない。

「チビ子……食べて……お願い……」。祈るように心の中で純子さんがつぶやいたその時、チビ子がパクリと薬餌を食べ、それを一気に飲み下した。

次の瞬間、チビ子は純子さんを見上げた。その顔には警戒心が浮かんでいる。薬餌を口にした瞬間、大きな違和感を持ったようだ。

不快極まりない顔で純子さんを見つめたまま、その場に立ち尽くしている。

どれくらい時間が経ったのだろう——。

純子さんがじっとその様子を不安げに見守っていると、チビ子はフラフラと体を左右に揺らし、意識がもうろうとした様子で、ゆっくりとその場に倒れこんだ。チビ子は何度も起き上がろうとするが、自力では立ち上がることができない。思っていた以上に早く薬が効いたようだ。

純子さんは慌てて仲間と連絡を取り、チビ子を車に乗せ、大急ぎで動物病院に向かった。

「目を覚ましたら連絡します」

点滴の準備をしている獣医師にそう言われ、いったん自宅に戻ったものの、いてもたってもいられない。どれくらいの時間で目が覚めるかわからないし、目が覚めるまでは、水も食事もとれない。病院で点滴処置を施すのは、脱水を防ぐためと、薬の代謝を早めるためでもあった。

昼になっても携帯電話はうんともすんとも鳴らない。

パフィーがそんな純子さんを心配そうに見ていた。

午後になり、ついに夕方になっても電話はかかってこなかった。心配になった純子さんは動物病院に電話をした。

「目覚めませんね……。かろうじて息はしていますが、意識は戻りません」

「そんな危険な状態なのに、なぜもっと早く知らせてくれなかったんですか？」

動物病院スタッフの呑気な言葉に純子さんは苛立ちを隠せなかった。しかしいくら動物病院とはいえ、このような野犬薬餌捕獲の処置は稀だ。

とにかくチビ子を迎えに行かなくては……。

彼女は慌てて病院に向かうと、まだ目覚めないチビ子を抱いて車に乗せ、家に連れて帰ることにした。

しかし、チビ子は翌朝になっても目覚めない。呼吸も浅くなっているようだ。

自宅のリビングに寝かせているチビ子に呼びかけ、体を何度も叩いた。

「チビ子！　チビ子！　起きて！」

「チビ子！　お願いだから目を覚まして！　チビ子！」

それでもチビ子が目覚めなかったため、心配になった純子さんは再び動物病院にチビ子を連れていくことにした。

獣医師が点滴処置を施し、様子をみることさらに丸一日……。

ついにチビ子が目を覚ました。ふうっと息を吐き、ゆっくりとうつろな瞳で純子さんを見た。この時の感動と喜びを純子さんは今も忘れることはないと言う。

不思議なことにその後、意識がはっきりと回復したチビ子は、純子さんを見ても、怖がる様子もを見せなかった。

体調が回復し自宅に連れて帰っても、家の中から逃げようともせず、まるであたかも当然だというように、その日から純子さんの家で、先住犬パフィーと暮らし始めたのである。

パフィーも、まるで以前からチビ子がそこにいたように、家族としてチビ子を受け入れたのだった。

その後、チビ子は自分の使命がそこにあるかのように、純子さんが保護した犬の面倒を見てくれるようになった。

純子さんとチビ子

チビ子は人に対して決して愛想のいい犬ではない。しかし、犬に対しては抜群の社交性を発揮した。

パフィーに対してはもちろん、純子さんが当時、動物愛護センターから保護した犬の多くが野犬の子犬だったが、チビ子はその子犬たちが上手く社会に適応するためのお手本となり、必要なことを上手に教える聡明な犬だった。

保育士となるチビ子が片岡家にやってきたことで、純子さんの保護活動もますます勢いを増していった。チビ子が子犬たちの面倒を見てトレーニングをしてくれるので、より多くの命を救うことができたのである。

生後3カ月ほどで動物愛護センターからやってきた白い子犬の〝チャコ〟も、その中の1頭だった。

チャコは犬が大好きで、チビ子はもちろん、ほかの保護犬たちや、ドッグランで出会う犬たちとも上手に遊べる犬だった。

犬も人間も大好きだったチャコは、白くて可愛くてまだ小さな子犬だったこともあり、すぐに新しい譲渡先が見つかり、純子さんのもとを元気に巣立っていった。

チビ子を保護してからの数年間で、純子さんは知識も経験も豊富なベテラン保護ボランティアになっていったのである。

その後、片岡家には動物愛護センター出身のウエスティーのうり坊と、小型のミックス犬・クロが新しく家族に加わった。

うり坊もクロも子犬だったが、チビ子保育士のおかげで、4頭となった大所帯の中でも犬同士揉めることなく、実に上手く秩序が保たれていたのだった。

野良犬の子犬たち

純子さんが保護ボランティア活動を始めて、あっという間に十数年の月日が流れた。

そんな中、犬と暮らす喜びを最初に教えてくれたパフィーが14歳で、肥満細胞腫（ガンの一種）に侵され、天国に旅立っていった。

捨てられた命を1つでも多く救いたいと、保護ボランティア活動を開始したきっかけをくれたのも、パフィーだった。

犬との暮らしの原点がパフィーだっただけに、パフィーの死は、純子さんにも幸弘さんにも耐えがたいものだった。

そんな純子さんの悲しみをよそに、「近くのインターチェンジ前のコンビニエンスストアで、野犬の子犬が数匹ウロウロしている」と、純子さんに連絡が入ったのは、パフィーが亡くなってわずか1カ月後のことだった。

悲しんでいる場合ではない。

パフィーが導いてくれた保護ボランティアの使命感が、純子さんを突き動かした。自らを奮い立たせ、保護に乗り出す決意をした純子さんが現場に様子を見に行ってみると、噂どおり5匹の子犬がウロウロしていた。母犬の姿はすでになく、確認できるのは子犬だけだ。

ところが翌日見に行くと、子犬は4匹しか確認できなかった。目撃した近所の人の話によると、1匹は交通事故に遭って亡くなってしまったという。

急がなければ、残りの4匹も事故に遭う可能性が高い。

純子さんは、いつものように保健所職員の協力を得て、捕獲器で保護することにし

野犬時代の花菜とひなた、姉妹たち

た。

野犬といえども、子犬なら保護もそれほど難しくはないはず——。

案の定、4匹のうち3匹は捕獲器であっさりと捕まえられた。

残るは1匹だが、その子は警戒心が強く、捕獲器には絶対に入ろうとしない。

子犬たちがいるコンビニエンスストアの前の道路は大型トラックの往来も激しい。急がなくては、この子犬も交通事故に遭って死んでしまう。

焦った純子さんは、最後の手段として再び〝薬餌〟を使うことにした。

これまでも、薬餌でほかの野犬保護に成功していたし、チビ子のときの経験を踏まえ、それなりに手順もタイミングもわかり、成功させる自信があった。

何より、これ以上保護が長引くと子犬の命にかかわる。薬餌なら間違いはない。

いざ準備を整え、保健所で手配してもらった薬餌を持って子犬に会いに行くと、子犬は相当お腹を空かしていたのか、純子さんが差し出した薬餌をすぐに口にして、しばらくした後、フラフラと倒れた。

純子さんがいつものように子犬をすぐに動物病院に運び入れると、待っていた獣医師が点滴処置を開始した。

しかし、子犬は一向に目覚めない。

夜になっても子犬は目覚めず、ついに翌朝、子犬は病院で息を引き取った。

薬餌保護が失敗に終わったのだ。


これまでは成功していたのに……。いつもと同じようにやったのに……。「なぜ」という二文字が彼女の頭の中を駆け巡った。

次の瞬間「自分がこの子を殺してしまった」という罪悪感が彼女の心を支配した。命を助けるはずが、自分のミスで命を奪ってしまった――。

パフィーを失った悲しみと、子犬を助けることができなかった苦しみが胸の中に一気に押し寄せてきた。

その後は、しばらく何もする気が起こらなくなっていた。子犬を失ったトラウマは大きく、犬の保護活動を続ける気にはとてもなれなかった。

失ってしまった命は、二度と戻ってこない。命を救うチャレンジに失敗は許されない。失敗は死を意味するということを、この時ほど痛感したことはなかった。

純子さんの中にもう迷いはなかった。

無事保護できた3匹の子犬を譲渡したら、保護ボランティア活動をきっぱり辞めよう――。純子さんはそう決心したのである。

チビ子もすでにシニア期に入り、保護犬たちの世話もストレスになるだろう。ボランティアを辞めるには、いい潮時だと思った。

その後、〝ふわり〟〝ひなた〟〝花菜〟と名付けた子犬は、すぐに新しい飼い主が見つかった。

そのうち、ひなたと花菜は、以前チャコを譲渡した女性（通称チャコママ）が2匹を一緒に迎えたいと言ってくれた。その申し出に、純子さんは何の懸念もなかった。すでにチャコを譲渡して3年が過ぎ、チャコママ夫妻はチャコをとても大切に可愛がってくれていたからだ。

こうして無事に3匹は譲渡され、片岡家には愛犬3頭だけの静かな日常が戻ってきた。

それからしばらくたったある日。チャコママから純子さんに電話がかかってきた。

「家庭内でトラブルがあって、チャコ、ひなた、花菜、3頭を一緒に飼うことができなくなってしまったんです……。なので、花菜を返してもいいでしょうか？」

突然のことでわけがわからない。花菜とひなたを譲渡してわずか1カ月しか経っていない。

「花菜だけを戻したいということでしょうか？　ひなたは大丈夫ですか？」

純子さんは、犬たちのことが心配でならなかった。兄弟を救えなかった分、なんとしても姉妹には幸せになってもらいたい。

するとチャコママは
「チャコとひなたはとても仲がいいので、ひなたはチャコのためにも、うちでこのまま飼うつもりです」

と、言った。


どういうことなのか詳しく事情を聞いてみると、譲渡先の家の中では〝チャコ・ひなたVS花菜〟のような状態で、花菜はひなたと姉妹であるにもかかわらず、チャコとひなたから疎外されているそうだ。

花菜は、チャコやひなたと仲良くしたいのに、チャコとひなたが花菜をいじめて、ひなたが花菜に咬みつき、花菜の体には生傷が絶えないという。

純子さんは首をひねった。

花菜もひなたも、チャコママの家に行くまでは、純子さんの家でチビ子たちとファリーで暮らしていたが、何のトラブルもなかった。ひなたが花菜をいじめることもなかったし、咬むことなどもちろんなかった。仲のいい姉妹だった。だから2匹を同じ家に譲渡したのだ。

保護当時は、チビ子がリーダーとなって子犬たちを統率していたから、上手くいっていたのだろうか？　環境や同居する犬が変われば、犬同士の関係性にも変化があるのは事実だろうが、それほど極端に変わるものなのだろうか……？

疑問は次々と湧いてくるが、チャコとひなたが、花菜をいじめているのであれば、花菜のためにもすぐに連れ戻さなければならない。

何より、傷だらけになっている花菜のことが心配だ。

純子さんは、チャコママの申し出を受け入れ、花菜を返してもらうことにした。

1カ月ぶりに戻ってきた花菜は、チャコママの言うとおり、体中傷だらけだった。

しかし出戻った本人は、自分の傷のことなどおかまいなしに、チビ子を見て大喜びだ。チビ子もうり坊もクロも、花菜の出戻りを大歓迎した。花菜は3頭が大好きで、一緒にいると安心するらしい。犬同士の秩序が保たれた片岡家は、花菜にとって居心地がいい場所なのだ。

しかし、花菜は人間が大の苦手だった。純子さんや幸弘さんがそばにいると、静かに気配を隠すかのように部屋の隅っこにうずくまって、周囲をうかがっている。

帰ってきた花菜（奥）と、クロ（手前）

二人を見てシッポを振るでもなく、帰宅しても出迎えることもなかった。

そんな花菜の様子を見て、純子さんは、花菜に新しい飼い主さんを見つけるのは無理だろうと判断した。

そもそも犬という生き物は〝家族になれば、飼い主に大喜びでシッポを振って寄ってくるもの〟という概念が私たち人間の中にはある。犬を初めて飼う人や、ペットショップやブリーダーから犬を迎えたことしかない人ならなおさらだ。

ところが、花菜は典型的な〝野良タイプ〟の子犬だった。

野犬でも、子犬の時から人間に飼われれば必ず懐くだろうという人もいるが、野犬で何代も繁殖を繰り返し、代を重ねていくと、警戒心の強い野犬独特の気質を受け継いだ犬だけが生き残っていく。

警戒心がなく安易に人間に近づいたり、危機管理ができない犬は、簡単に捕まってしまい、野犬として生きてはいけないからだ。

結果、代を重ねた野犬の子どももそういったDNAを強く受け継いでいるため、子犬であっても人に対してキャピキャピと、愛嬌をふりまく性格になる子はほとんどいない。

片岡家と私の家は近所なので、私も数えきれないくらい花菜と散歩で会っているし、家にも訪問しているが、花菜はいつも隅っこにいて、「あれ？　花菜はどこ？」

と聞いてようやくその居場所がわかるほど、自らの気配を隠していた。
攻撃性はまったくなかったが、私は花菜に一度も触れることができなかったのである。

しかしチビ子がそうだったように、元野犬は他犬との社会性に優れ、頭脳明晰な犬も多い。その個性を十分に理解し、犬の飼育知識に長けている飼い主であれば、元野犬との暮らしは実に味わい深いものとなるはずだ。
そのことを一番よく理解していたのは、純子さんと幸弘さんだったのだろう。二人はチャコママのもとから戻ってきた花菜を二度と譲渡せず、我が子として迎え入れた。薬餌で亡くなってしまった兄弟犬の分まで、花菜を幸せにしたいと思ったのである。

柔らかい表情を見せる花菜

こうしてパフィー亡き後、片岡家の愛犬は、チビ子を筆頭に、うり坊、クロ、花菜と、再び

4頭となった。

チビ子はすでにシニア期に入っていた。これからはチビ子の介護も必要になってくることも考慮し、保護ボランティアから完全に手を引いた純子さんは、今後は愛犬4頭との暮らしを大切にしていきたいと思った。

しかし、その願いは長くは続かなかった。

保護ボランティア活動を引退した2年後、純子さんの保護活動を助けてくれたチビ子は、免疫介在性溶血性貧血で天国へ旅立ってしまったのである。

まだ12歳だった――。

帰ってきた保護犬

あれから9年が過ぎ、片岡家では愛犬3頭が、次々と天国に引っ越していった。

うり坊が巨大食道症を患い14歳で他界。その翌年にクロも脳腫瘍で13歳で他界。

そして最後に残った花菜も、大好きな先住犬がいなくなったストレスから肺水腫を患い、みんなの後を急いで追うようにその翌年に、13歳で天国に逝ってしまった。

花菜にとって、大好きな兄弟犬がいない暮らしは耐え難いものだったのだろう。


花菜が亡くなった時、お別れに訪れた私に純子さんはこう語った。

「みんな次々病気で亡くなったから、どの子も平均寿命まで生きられなかったんだよね……。病気での看取りは、すごく苦しむ姿を見なくちゃいけないから、本当につらい。チビ子を見送ってからは、毎年1頭ずつ順番に死んじゃったから、本当につらい3年間だった」

「あれだけ犬が好きだから、犬のいない生活は今後も考えられないよね……」

そう私が言うと、

「犬がいない生活は寂しいけど、少し犬から離れて、自分たちの好きなことをしようと思う」

と、純子さんは言った。

そして自宅をすべてリフォームし、心機一転、純子さんは社交ダンス、幸弘さんはゴルフにと、趣味に専念する新しい生活をスタートさせた。

リフォームが完成した片岡家はピカピカで、元々センスのいい家にさらに磨きがかかったようだ。

「これまでたくさんの命を救ってくれて本当にお疲れさまでした。これからは、ダンスにゴルフ、じゃんじゃん楽しんでね！」

私は心底敬意を込めて、彼らに労いの言葉をかけた。

ところが、彼らの保護犬との暮らしはここで終止符とはならなかったのである。

新たなライフスタイルに入った片岡夫妻のところに知り合いの保護ボランティアから連絡があったのは、5頭目の愛犬、花菜を天国に見送ってわずか半年も経っていない、ある春のこと。

チャコママが、チャコとひなたを知り合いのトリマーに3カ月間も預けたまま行方がわからなくなったというのだ。

チャコを譲渡して16年。花菜の姉妹のひなたを譲渡して13年が過ぎていた。ここ10年以上、純子さんはチャコママとまったく連絡を取っていない。

それが突然行方不明と言われ、純子さんは頭が混乱して気持ちがついていかなかったという。

しばらくすると、純子さんから私のもとへ連絡があった。

「3カ月も預けっぱなしって、トリマーさんは、チャコママの携帯番号を知ってるんでしょ？」

と、私が聞くと
「携帯も音信不通。その番号はすでに使われていないみたい……」

「でも家の住所も知ってるんでしょう？」

「自宅を売って、今はどこにいるかもわからないんだって」

わけがわからない私に、彼女は知り合いから得たこれまでの情報を整理して話してくれた。

「噂なんだけど、チャコの飼い主さんの健康状態がすっごく悪くて、自分の生活も大変だったみたい。手放したくて手放したんじゃなくて、仕方がなかったらしくて……」

トリマーさんがチャコママから連絡を受けて、チャコとひなたを自宅に迎えに行った当時、すでに売却された自宅には、リフォーム業者が忙しそうに出入りしていたという。

また、チャコママ夫妻はとっくに離婚をしていて、2頭の面倒を見ていたのはチャコママだけとの噂もあった。

誰一人、チャコママと直接話していないので、本当のことはわからない。わかっているのは、チャコとひなたが置き去りにされたという事実だけだ。

現在は、預け先のトリマーが2頭の面倒を見ているが、すでに3カ月が過ぎ、チャコママは行方不明なので、2頭を譲渡した保護ボランティアが何とかするべきではないかと、純子さんに連絡が来たのだった。

「で、どうするの?」

私が心配して聞くと

「うちで引き取ろうと思う」

と、すでに決心したように純子さんが言った。

大変な決心だと私は思った。

問題を起こした飼い主は、花菜を返してきたのと同じチャコママだ。しかも、保護して譲渡した犬が十数年経って自宅に出戻って来るなど、誰が想像できるだろう。

そう考えると、犬や猫を保護して譲渡するのは、本当に責任が伴う。

もし、譲渡した犬や猫を先方が何らかの都合で「返したい」と言ってきたらどうするのか。もちろん拒否することも可能だろうが、自分が保護した犬や猫のことを考えると、引き取らざるを得ないと思う。

犬や猫の保護ボランティアは、譲渡先の家族構成、飼育状況などを丁寧に審査し、トライアル期間を設けた上で慎重を期して譲渡する。正式譲渡すれば当然その犬が寿命を全うするまで責任を持って飼い主が世話をするのが当たり前だ。

十数年以上を経て「飼い主が飼育できなくなった」などと連絡が入ることなど、まずない。それでも今回のチャコとひなたのようなケースがあるということを肝に銘じておかなければならないということだ。

「チャコとひなたは元気でいるの？」

2頭の現在の様子が気になり、私は聞いた。チャコママの健康状態も危ういのなら、犬の世話どころではなかっただろう。

「チャコが皮膚病らしくて、ガリガリに痩せているみたい。毛もほとんど抜けて、大変な状態だってことはトリマーさんから聞いてる。とにかく迎えに行かなくっちゃ」

純子さんは、2頭のことが心配で仕方がない様子だ。

その後、純子さんと幸弘さんが2頭を迎えに行くと、2頭はケージに入れられ、しょぼんとしていた。

チャコの皮膚の状態は思っていた以上に悪く、体からは悪臭が漂っていた。ケージの下に敷かれたバスタオルも体液でドロドロだ。

本来なら20kgほどあるべきチャコの体重は、12kgしかなかった。
それでも、何とか無事でいる2頭を見た時、純子さんはホッとして涙が出そうになったという。

トリマーが定期的にチャコの体を洗ってくれていたようだが、皮膚の状態は最悪だ。かゆいのか、チャコはしきりに体中を後ろ足で掻いている。

痛みと同じようにかゆみはつらい。

どうして動物病院に連れていってくれなかったのかと、純子さんはトリマーを責めたい気分だったが、そもそも自分の犬でもない犬を3カ月も無償で預かり、世話をしてくれたのだ。感謝こそすれ、文句を言うべきではなかった。

「これまで預かっていただき、本当にありがとうございました。これからはうちできちんと面倒を見ます」

純子さんがトリマーにお礼を言い、ケージから2頭を出してリードをつけると、2頭は当たり前のように歩き出した。車に乗せる時に抱っこしても嫌がりもせず、純子さんや幸弘さんのなすがまま、じっと身を委ねていた。

車中でも2頭はおとなしく、シートの上で寛いでいた。

そして、十数年ぶりに片岡家に足を踏み入れた2頭は、その家を懐かしむかのように匂いを嗅ぎまわり、純子さんが用意していたベッドで、なんの躊躇もなく安心しきったように、すぐに丸まって眠り始めた。

チャコとひなたは、命を救ってもらい、愛情いっぱいに世話をしてくれた二人のことを間違いなく覚えていたのだ。

最後の愛犬、花菜が天国に逝ってわずか半年、まるで片岡家に犬がいなくなったのを見計ったように2頭は帰ってきた。

もしも花菜が生きていたら、純子さんは2頭を引き取りたくても引き取れなかったはずだ。チャコとひなたが再び花菜をいじめるかもしれないからだ。

純子さんは、このタイミングで2頭を引き取ることになったことに、不思議な縁を

感じたと言う。

これは偶然ではなく、まさに必然の出来事だったに違いない。

チャコとひなたが片岡家にやってきた2日後、純子さんがチャコを連れて動物病院に行くと、チャコのひどい皮膚疾患と脱毛、体重減少は、甲状腺機能障害が原因だということが判明した。獣医師によると、薬の服用と週に一度の薬用シャンプーで改善できるという。

純子さんは2日おきに薬用シャンプーでチャコの体を洗い、薬を飲ませてケアをした。

すると、毛がほとんどなかったチャコの体に、みるみるうちに毛が生えてきた。

私はその変化を、散歩で会うたびに目の当たりにした。

2頭は散歩も上手で、無駄吠えも一切ない。片岡夫妻と歩く2頭は、まるでこれまでずっと二人の愛犬だったかのように二人を信頼し、懐いていた。

チャコもひなたも、リードを持つ純子さん・幸弘さんの顔を見上げてテンポよく歩

■帰ってきたひなた（左）と、チャコ（右）

く。

空白だった十数年間は、彼らの中にはなかったようだ。

その後、チャコの体はきれいな毛が生え揃い、数カ月で体重も5kg増えた。

人見知りがひどく「慣れない人の前では絶対に食事をしない」とトリマーに言われていたひなたは、片岡家に戻ってきた初日から、純子さんの目の前でバクバクとご飯を食べた。

ひなたにとって、純子さんは〝慣れない人〟ではなく、子犬の時に最も慣れ親しんだ人だったのである。

この話は、我が家の未来にも共通するところがあった。

未来が保護ボランティアの麻里子さんの家にいたのは3ヵ月足らずだが、未来は何年たっても麻里子さんのことを覚えていた。

普段、未来は、誰かが我が家にやって来ても、決して出迎えることなく知らん顔をしている（子どもには愛想がいいが、なぜか大人には愛想がない）。

ところが麻里子さんがやってくると、シッポをぶんぶん振って大喜びで玄関まで駆けていき、麻里子さんを見てキュンキュン鼻を鳴らして甘えるのだ。

犬とはそういう生き物だ。

犬の記憶力は、私たちが計り知れないほど深く、優れているのだと思う。

そして、自分を救ってくれた人たちのことを決して忘れない、情の深さを持った生き物なのである。

純子さんは言う。

「チャコはもうすぐ17歳。ひなたも14歳だから、私たちがこの子たちにできることは、老後の面倒をきっちり見て、天寿を全うするのを看取ることなのかなと思ってたけど、二人ともこんなに元気だから、まだまだ犬との生活を楽しめそう！　うちにいた5頭はみんな15歳を越せなかったから、5頭の時には叶わなかったのんびりした老犬との暮らしができると思う。老犬介護を経験して納得のいく看取りができれば何よりだよね！　そのために先に天国にいったみんなが、チャコとひなたを私たちに引き合わせてくれたのかなあ……。今は二人に、ただただ『おかえり』って気分だよ」

純子さんの言うとおりだと思う。きっと、先に逝った花菜が神様にお願いして引き合わせてくれたのだ。もう自分は天国にいったのだから、2頭がやってきても大丈夫だよ、って。

『この家なら大丈夫！　きっと、大切にしてくれるよ。だって、私の時もそうだったもん。だから、安心して帰っておいで』

犬が大好きだった花菜が、天国からそんなメッセージをチャコとひなたに送ったのかもしれない。

片岡家にわずか半年で再び訪れた犬との暮らし――。

それはまるで、犬との暮らしが当たり前だった片岡夫妻に対する、神様のいたずらのよう。

純子さんは毎日、チャコとひなたに言い続けている。

「チャコ、ひなた、よく帰って来てくれたね！　ここに帰ってきてくれてありがとう。本当に、おかえりなさい」

きっとチャコとひなたは、誰よりもこの言葉をかみしめているころだろう。

ベッドで寝るチャコ（左）とひなた（右）

人と犬との縁もまた、人と人以上に、神様が決めた糸で繋がっている。

私には、片岡夫妻がいつも犬に護られ、そのオーラに包まれて、幸せな人生を歩んでいるように見える。きっとこれからもずっと、ずっと犬たちは彼らのことを守り続けていくのだろう――。

保護犬たちが教えてくれたこと

● 犬たちは、愛をくれた人のことをずっと忘れない。それこそが、犬からあなたへの最高の恩返し。

エピソードV

保護犬が
仕組んだ結婚

子犬のきらら、うちの子になる

片岡純子さんの保護活動には遠く及ばないが、先述したとおり、私も8頭の犬を保護し、譲渡した経験がある。

未来を保護した麻里子さんから「動物愛護センターで殺処分対象になっているコーギー犬を保護できないか」と連絡を受けたのがきっかけだ。

蘭丸と同じコーギーが殺処分されるかもしれないと聞いた私は、ダンナと相談して初めての保護活動に参加した。

保護したのはメスのコーギーで、年齢は推定7〜8歳。片目の視力がほとんどなく、すでにシニア期に入っていたため、飼い主が簡単には見つからないだろうと思っていたが、ネットで飼い主を募集したところ、早々に希望者が現れ、とてもいい飼い主さんに譲渡することができた。

次に保護したのは、ホームセンターの前に段ボール箱ごと捨てられていた、数匹の子犬だった。

知り合いと手分けして保護することになり、そのうちの1匹を預かることとなったのである。

子犬の体重は、わずか980g。ミルクを飲ませて世話をしていたのだが、この子犬（ルイちゃん）の世話役を買って出たのが、我が家の未来だった。

ルイちゃんがやってきた時、未来はただひたすらルイちゃんを観察していた。

次の日も、また次の日も、ジーっと観察し続けている。興味はあるようだが、ただ観察しているだけだ（時々ルイちゃんのミルクを盗み飲みしようとしていたが……）。

ところが、1週間が過ぎた頃、突然未来がルイちゃんの世話を焼くようになったのだ。まるで母犬が子犬にするような仕草で、ルイちゃんの相手をしはじめた。ルイちゃんも未来の真似ばかりするようになり、気がつけば飼い主が教えずとも、トイレシートの上で排泄も上手にできるようになっていた。未来がルイちゃんの社会化トレーニング全般を担ってくれたのだ。

こりゃ楽ちん！　かつ楽しすぎる！　我々がすることといえば、ご飯をあげることと、トイレの後始末くらいだった。片岡家がチビ子保育士なら、我が家は未来保育士というわけだ。

その様子は見ていて実に微笑ましく、楽しかったが、その後、小さくて可愛い子犬のルイちゃんにはすぐに新しい飼い主さんが見つかり、あっという間に譲渡となった。

それからしばらくして、知り合いから「近所で野犬が生んだ子犬が3頭うろうろしていたから保護した。1匹預かってほしい」と連絡が入った。

私は即了解し、今度は白い野犬の子犬（小次郎）を我が家で預かることとなった。

この時も、未来は小次郎の観察を続け、きっかり1週間後から母犬のように小次郎の世話を焼き始めた。そんな未来の子育て風景があまりにも微笑ましく、見ていて楽しすぎたので、預かっている子に新しい飼い主が見つかると、私たち夫婦はすぐ次の子犬を預かるようになった。

一つ付け加えておくと、私たちは〝保護ボランティア活動〟というものに対して、片岡さん夫妻やほかの保護ボランティアのように、高い志を持っていたわけではない。未来の子育てをする姿が見たくて預かっていたようなものだ。

しかし、いい加減な気持ちで保護したわけでも、譲渡をしていたわけでもない。知り合いのボランティアからアドバイスを受けながら譲渡の手続きをし、お見合いも、譲渡決定後の犬のお届けも、きっちりと担った。

動機は不純だが、結果はほかのボランティアと同じように子犬たちの幸せを最優先に考え、今でも最高の飼い主のもとへ送り出せたと自負している。

何より、捨てられた子犬たちが、いい飼い主さんを見つけて巣立っていく姿は感動的だ。

譲渡後は、我が家での恒例行事〝チーム未来（未来と、譲渡犬&譲受先の飼い主さんたち）〟を集って行うバーベキュー大会も、実に楽しかった。

未来の子育てが見られて、子犬たちも幸せになって、人間同士の交流も深まる――。

未来が元気なうちは、子犬の保護活動を続けてもいいな。

そんなことを考えながら、順調に7匹目の子犬を飼い主のもとへ送り出した年の瀬、知り合いの保護ボランティア団体のブログに、動物愛護センターで収容されている柴犬親子の情報がアップされているのを見つけた。〝飼い主募集中〟と明記されている。

母犬は純粋の柴犬。2匹の子犬は生後2～3カ月で、柴の雑種といった感じだった。

もし、子犬たちの譲渡先が決まっていなければ、うちで保護して、新しい飼い主を探そう！

私とダンナは早速センターに出向き、親しくなった職員さんから情報を得て、犬収容室に向かった。

2匹の子犬の近くに母犬の姿はない。

「子犬の飼い主希望者さんは、まだいないんですか？」

私が聞くと「オスの子犬はすでに、ほしいと言う方がいらっしゃいます」と、職員さんが言った。

すでに飼い主希望者がいるのなら、私が連れて帰る必要はない。

私たちは、飼い主が決まっていないメスの子犬を連れて帰ることにした。

「ところで、お母さん犬は、飼い主さんが決まったんですか？」

私は母犬のことが気になり、辺りを見回しながら職員さんに尋ねた。すると、

「12月1日に殺処分の予定だったんですが、ぎりぎり11月30日に譲渡先が決まったんですよ」

その言葉を聞いて、私は心底胸をなでおろした。

「よかった。じゃあもうセンターを卒業して、新しい飼い主さんに譲渡されたんです

ね？」

子犬に会いに行ったその日は12月3日だった。

しかし、母犬の引き渡しはまだ先らしい。別の犬舎にいるようだ。ならば母犬の姿もぜひ一目見ておきたい。

私たちは職員さんに案内してもらって、母犬の入っている犬舎へと向かった。

「他犬との折り合いが悪いので、一頭飼いでないと難しいですけど、飼い主さんは女性の方で、現在犬を飼っていないので、まずは安心して譲渡できます」

職員さんに言われ、しばらく犬舎の前で母犬を観察していると、近くにいたほかの犬が近づいてきただけで、その母犬は、鼻に皺を寄せて唸りはじめた。

人と目を合わすこともなく、無表情で、ガリガリに痩せていた。

この寒空の下、お乳をあげながら、子犬を守ってきたのだろう……。

そう思った途端、涙があふれてきた。もし、飼い主が見つからず、母犬が殺処分されてしまっていたら、連れて帰る子犬にどんな言葉をかければよかったのか、見当もつかない……。

どんな人がこの母犬を引き取ってくれるのかは知らないが、私はその人に心から感謝し、母犬の幸せを願った。

「あなたの子どもには、必ずいい飼い主さんを見つけてあげるからね！　約束するよ！」

私は母犬にそう言い残し、子犬を連れて自宅へと向かった。

自宅に帰ると、未来が待ち構えていたように子犬を出迎えた。

そして、正面から子犬をじっと数秒間見つめると、「フン！」と鼻を鳴らして、さっさと自分のベッドに行ってしまった。

私は準備していたサークルに子犬を入れ、その中にふかふかのマシュマロベッドを置いた。しかし子犬はベッドに乗ろうとはせず、床の上に座って、まん丸な目で私を見上げている。

寒くないのだろうか……。夜になってもベッドには乗らず、かたい床の上で寝てい

■家に来た頃のきらら（左右とも）

た。まだベッドが心地いいということを知らないのだ。

私は、子犬に〝きらら〟と命名した。

きらきらの未来がこの子に待っていますように。優しい飼い主さんと巡り合えますように。いつも子犬たちに願っていることだった。

翌朝になると、未来はきららが入っているサークルの前に行き、目をそらさずひたすらきららを観察していた。この状態が6日間続き、またきっかり1週間目の朝から、未来はきららの世話を焼きだした。

きららも、ほかの子犬同様、未来が大好き

だった。

母犬とこれまでずっと一緒にいたせいか、未来の後を追う仕草や、未来に甘える仕草はほかの犬より群を抜いていた。未来の姿が見えないと慌てて未来を探し回り、未来が散歩で外に行くと、「ウォーン……ウォーン……」と鳴いて、未来を呼んだ。

母犬も柴犬で、未来も柴犬。未来に異常に甘えるきららを見て、きららは、未来の中に母犬の面影を見ているのかな、と私は思った。

きららにとって、我々飼い主は二の次、先住犬の蘭丸は三の次だった。未来もそんなきららが可愛くて仕方がないのか、二人はべったり、常に一緒だった。

その様子を見ているうちに、私の中で〝きららを譲渡する〟という気持ちが、どんどん薄れていった。きららにとってベストな家とは、未来と一緒に暮らせる家なのではないだろうか。

ならばうちの家族にするしかない。そう決断するまでに1カ月もかからなかった。

偶然、きららと未来の年の差も、蘭丸と未来の年の差と同じ5歳だ。介護が重なる心配もない。結果めでたく（何がめでたいのかわからないが……）、きららは我が家の3頭目の愛犬となった。

その後もきららは当たり前のように未来にべったりで、未来の後ばかりついて歩く。未来の真似をして、未来に怒られるとしょぼくれて、未来の言うことなら何でも聞いた。

そんな二人を我関せずといった様子で見ている蘭丸は、相変わらずマイペースだ。蘭丸は元々、他犬にまったく興味を示さない犬だった。

興味がないので、どんな犬と一緒にいても絶対にケンカをしない。徹底的に知らん顔だ。

当然、未来と遊ぶこともなければ、きららの世話を焼くこともない。未来もきららがきたことで、以前ほど、蘭丸にちょっかいを出さなくなった。未来ときららから見れば、蘭丸は常に蚊帳の外の生き物で、お互い関心もなく関与することもなかった。

蘭丸が好きなのは、飼い主の私だけだ。

3頭のこの関係は、実に調和が取れていて、我が家はいつも笑いが絶えず、平和そのものだ。

未来のおかげもあって、きららはいたずらもせず、トイレを失敗することもなく、散歩も上手にできる実にいい家庭犬に育っていった。

ところが……、きららは、テリトリー意識が異常に強い犬だった。

きららにとって、未来と蘭丸は先住犬であり、〝家族〟と認識しているから問題なかったが、家の敷地内にほかの犬が入って来ようものなら、きららは烈火のごとく吠えまくり、背中の毛を逆立てて威嚇する。時には相手と大喧嘩して血を見ることもあった。

こうなると、友人の犬を我が家に招き入れることは、もうできない。

きららが我が家の犬になった時点で、我が家は〝他犬出入り禁止〟となってしまったのだ。

当然、恒例行事だった〝チーム未来〟のバーベキュー大会も中止せざるを得ない。

そう……、保護ボランティア活動が8頭で打ち止めとなった理由は、8頭目にやってきたきららが原因だった。未来と蘭丸以外の犬を家で預かることになった日には、血を見ることになってしまうため、子犬の保護など言語道断！　という結論に至ったのである。

砂浜を歩く、子犬のきらら

親子再会物語

■芝生の上で遊ぶきらら

我が家での保護活動がわずか8頭で打ち止めとなり、1年が過ぎた頃、私はふと、きららの本を書こうと考え始めた。未来シリーズに続く、きららの〝かわいいお話シリーズ〟だ。小学校の低学年〜中学年が読める、心がぽかぽかになる話はどうだろう――。

幸い、きららの子犬の時からのかわいい写真は、ダンナが日々カメラに収めているので、腐るほどある。

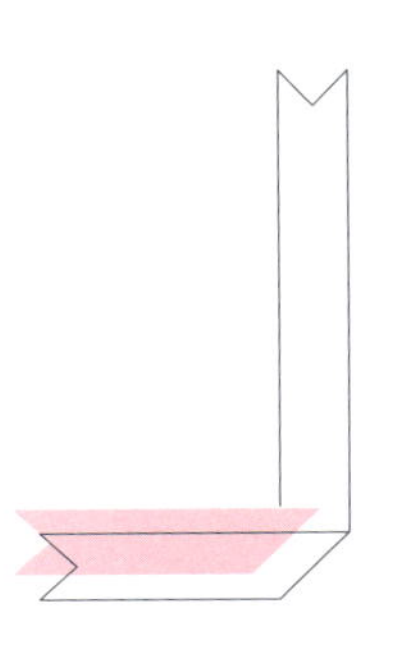

センターいた頃のネリ（右）、きらら（奥）、マル（左）

人間に捨てられ、動物愛護センターに収容された母犬と子犬。母犬は、殺処分と決まっていたが、九死に一生を得た。母犬と兄弟犬は今も元気だろうか？　3頭とも、心がぽかぽかの毎日を過ごしているといいな！　そして、心がぽかぽかになった3頭が再会できたら、どんなに素敵なノンフィクションになるだろう？

よし、〝捨て犬・親子、ぽかぽか再会物語〟。これできららの本を完成させよう！

そのためにはまず、母犬と兄弟犬の飼い主さんそれぞれに連絡を取って、取材をしなくてはならない。

早速、知り合いのセンターの職員さんに、2頭の飼い主さんを紹介してほしいとお願いしたところ、飼い主さんたちもすぐ快諾してくれ、互いに連絡を取り合うことができた。

そして、母犬ネリと兄弟犬マルとの再会が実現することになったのである。

しかし、再会に当たり、私には大きな不安があった。言うまでもなく、きららの威嚇だ。

もし、ネリやマルにきららがケンカを売ったら、〝心温まる親子再会物語〟のはずが、〝心ぶち破る血まみれ再会物語〟になってしまう。これはまずい！　すでに企画が出版社で通っていたし、何とか心温まる素敵なお話になるよう、丸く収めなければならない。

ならば、仮に感動的な再会ができなくとも、ネリやマルがいい飼い主さんと出会い、みんな幸せに暮らしている、という事実を確認できればいいではないか――。

とりあえず会って、ネリやマルの様子だけは知っておきたい。きららがどんな反応をするか心配ではあったが、親子犬の再会に胸がどきどき、わくわくしてきた。

こうして、きららが母犬・ネリと再会することになったのは、きららが1歳半を過ぎた春のこと。ゴールデンウィーク真っ只中の温かい日だった。

1年半ぶりに会ったネリは、センターで見た時より、うんとふっくらとしていて毛並みもフカフカでツヤツヤしていた。何より表情がまるで別犬のように明るくなっている。飼い主さんに大切にされていることが一目瞭然だった。

私は慎重に、きららをネリに近づけた。

すると……、1年半ぶりに母犬と再会したきららは、なんと、シッポをぶんぶん振って、ぐいっと首を伸ばし、ネリにキスをしたのである。

■ネリ（左）にキスするきらら（右）

ダンナはすかさず、この瞬間をカメラに収めた。

またネリも、センターの職員やボランティアが「ネリは他犬とは険悪」と口を揃えて言うほど犬同士の関係が悪いにもかかわらず、きららにシッポを振って寄っていき、威嚇する様子など微塵も見せなかったのである。

ドッグランで遊ぶマル（左）ときらら（右）

「親子関係など、犬は絶対に覚えていない」。そう言われているが、この時の2頭の様子を見る限り、それは人間の勝手な思い込みなのではないか、と私には思えた。それほど、他犬が嫌いな2頭の再会は感動的だったのである。

マルと再会した際も、同じだった。マルとの再会はドッグランだったが、2頭はケンカすることなく仲良くドッグランの中を追いかけっこしながら、何時間も遊びまわっていた。

普段のきららでは考えられないことだ。親子再会の取材は、私の心配をよそに、本当にぽかぽかの再会となり、『ゆれるしっぽの子犬・きらら』（岩崎書店・2012年）として無事完成させることができた。

その後も、私たち飼い主は年賀状のやりとりなどをしながら、互いに連絡を取り合ってきた。

特に母犬・ネリの飼い主、大崎彰子さんとはメッセンジャーアプリで繋がりができたため、私は積極的にきららの写真を送ったり、近況を伝えたりするようになった。彼女は、私より20歳近く年下だったが、私にとって彰子さんは〝特別に大切な人〟で、ネリは〝特別に大切な犬〟だった。

理由はいわずもがな、ネリはきららを産んでくれた犬であり、彰子さんは、きららのお母さん犬・ネリを殺処分から救い出してくれた人だったからだ。彰子さんへの感謝の気持ちは、筆舌に尽くしがたいものがあった。

もし、母犬ネリが殺処分となっていたら、私の気持ちは永遠に救われなかったに違いない。彰子さんが救ったのは、ネリだけではない。私の心をも救ってくれた恩人なのである。

当然、その思いはきららが年を取るごとに強くなり、きららを精一杯幸せにすることが、彰子さんに対する最大の恩返しだと思うようになった。

その後も私がメッセンジャーアプリで元気なきららの写真を送るたび、ネリの近況も知らせてくれた彰子さんだったが、ネリを家族に迎え入れた当時、彰子さんは、一人暮らしをする27歳の会社員。ネリとの生活は、決して順調なスタートではなかったという。

母犬・ネリとの出会い

彰子さんが、ネリのことを保護団体のブログで知ったのは、今から14年前の11月半ばのこと。

保護犬を飼うことに興味をもった彰子さんが、ネットでいろんな飼い主募集サイトを見ていたところ、〝動物愛護センターに収容されている柴犬。12月1日殺処分予定。至急飼い主さん募集〟という記事が目に入った。それがネリだった。

ブログに掲載されていた写真には、ネリが生んだ子犬2頭も一緒に写っていた。

親も犬が好きで、実家でも保護犬を家族として迎え入れていた彰子さんにとって、犬を飼う選択肢として〝保護犬〟は当たり前だった。

元々和犬が好きだったこともあり、自然と柴犬のネリに目が留まった。

子犬も飼い主募集だが、独身で仕事をしている身では、世話のかかる子犬を迎え入れることはできない。殺処分対象にもなっておらず、子犬なら貰い手もすぐ見つかるだろう。

ブログにアップされた情報を、何度も何度も読み返し、掲載された写真を何度も見ているうちに彰子さんの目に涙が滲んできた。

この寒い中、母犬は子どもを守りながら、必死にここまで生きてきたのだ……。そんな犬を死なせることなどできない。自分がこの犬を幸せにしてあげなければ……！

彰子さんの中に、熱い思いが込み上げてきた。

その頃、彰子さんが住んでいたマンションでは、ペットの飼育が禁止されていた。

犬を飼うとなれば、ペット飼育可のマンションに引っ越しをして、飼育環境も早急に整えなければならない。

悩んだ末、彰子さんはついに決心した。ペット飼育可の物件を早々に見つけ、引っ越しを終えたらすぐに母犬を譲り受けたいと、ブログの保護ボランティア団体に申し出たのである。

名前は、彰子さんがお気に入りの保護犬ブログ〝てら と ねり〟にちなんで〝ネリ〟と命名することにした。

師走が迫った11月下旬、彰子さんがセンターまでネリに会いに出向くと、ネリはぶるぶると震えて下を向いていた。声をかけても絶対に人と目を合わさない。体をこわばらせて、ただ震えている。

同じ保護犬といえども、実家の犬とは大違いだ。こんな状態でこれから一緒に暮らしていけるのだろうか。その上、ネリはフィラリア症陽性だった。

フィラリア症とは、蚊が媒介となって線虫が肺の血管や心臓に寄生することで発症

し、放っておくと死に至る怖い病だが、予防薬を飲むことで簡単に予防できる。
つまり、ネリを捨てた飼い主は、ネリにフィラリアの予防薬を服用させていなかったということだ。
彰子さんは、センターの職員やボランティアから聞いたネリの性格や健康状態を頭の中で客観的に整理してみた。

- 推定年齢3～5歳の柴犬、メス。体重約8kg。不妊手術はしていない。
- 人間が怖くて目が合わせられず、ぶるぶる震えている。
- ほかの犬が苦手で、近づくと威嚇する。
- 散歩に行ったことがないのか、普通に歩くことができず、その場で固まる。
- フィラリア症にかかっている（今後治療が必要）。

信頼関係を築くまでには、相当の時間がかかりそうだ。フィラリアの治療も、当然しなければならない。

唯一救われたのは、ネリが人間に対して攻撃性をまったく持っていないことだった。震えて固まってはしまうものの、抱っこをしても体を触っても、人を咬むことはない。

しばらくその場に立ったまま黙ってネリを見ていると「いかがですか？　飼えそうですか？」と付き添いで来てくれた保護ボランティアさんが心配そうに聞いてきた。

これまで多くの収容犬を保護し、譲渡してきたボランティアさんにとっても、ネリの譲渡は簡単ではなかった。だからこそ、殺処分期限ぎりぎりまで来てしまったのだ。ならば、ボランティアの誰かが引き取り、一時的に保護して自宅で面倒を見ながら新しい飼い主を探せばいいと思う人もいるだろう。しかし、それは難しい。

なぜなら、私も含め、多くの保護ボランティアは複数の犬を自宅で飼っている。そこに他犬絶対NGのネリが来ればどうなるかは想像に容易い。

結果、ネリの譲受人は、先住犬がいないことが最重要条件となる。彰子さんはその条件を満たした人だった。

付き添いの保護ボランティアさんは、何とか譲渡に結び付けたいと思っているのか、祈るような眼で、じっと彰子さんを見ていた。

彰子さんの中に、ネリを幸せにできるという自信はなかった。しかし「無理」と言ったら、ネリは確実に殺処分となる。それだけは耐え難かった。

年齢はまだ若いが、この子の過去にいったい何があったのだろうか?

ネリは見るからに、純血の柴犬で野犬ではない。子犬を産んだ後に、飼い主から遺棄された可能性が高いが、どんな飼い方をされていたのか。これほどまでに人間を怖がるということは、虐待でもされていたのではないか。

フィラリアが陽性だったことからも、飼育環境が劣悪だったことがわかる。

様々な思いが駆け巡ったが、もう後へは引けない。

「ネリと一緒に頑張って生きていきます!」

彰子さんは自分でも驚くほどハッキリと答えると、ネリを迎え入れる準備に本格的にとりかかった。

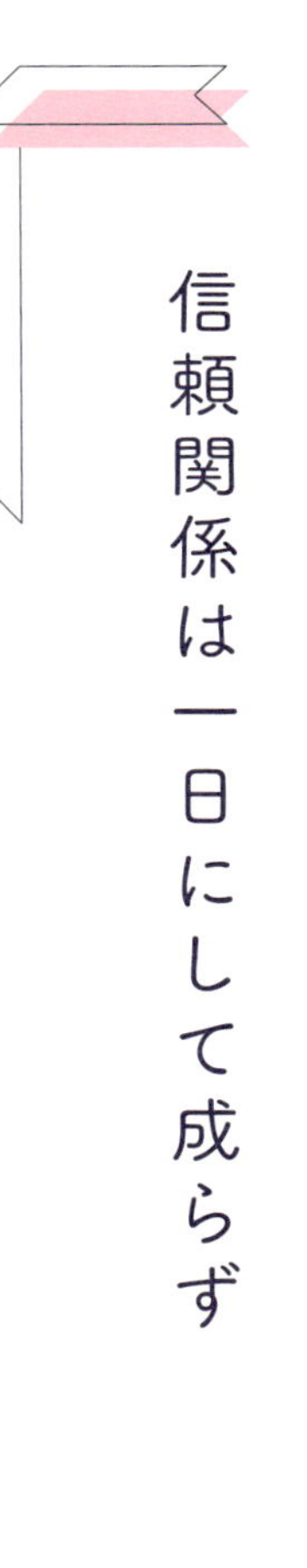

信頼関係は一日にして成らず

ペット飼育可のマンションへ引っ越しを終えた年の瀬、ネリはセンターを卒業し、彰子さんの家にやってきた。

家に入ってもぶるぶる震えていたが、自分のために準備されていたふわふわのベッドの上に乗ると、少し顔が華やいで見えた。

しかし、彰子さんが声をかけても相変わらず震えて目を合わせない。ご飯をあげると、一口食べては彰子さんの方を振り返り、また一口食べては振り返る。その行為を食事が終わるまで、何度も、何度も繰り返した。

ご飯を取られるのではないか、ご飯を食べている間に叩かれるのではないか――。人間を信用していないことは一目瞭然だった。

初めての散歩は一歩も歩けなかった。怖くて体がこわばり固まってしまう。

仕方ないので彰子さんは、体重8ｋｇほどのネリを抱っこして少し歩いては地面に下し、また少し抱いて歩いては下しを繰り返した。そしてトイレを終えると、再び抱いて家に帰ることにした。

仕事に出かける時は、見守りカメラを設置して、スマートフォンで留守中の様子を確認できるようにした。

留守番の時はベッドで寝て、のんびり寛いでいる。「飼い主元気で留守がいい」といった感じである。よほど人が嫌いなのだろうか？

なぜ、ここまで人が嫌いになってしまったのだろう。考えても仕方がないが、それほどネリの人への不信感は大きかった。

散歩は、いつまでたっても難航続きだった。人とすれ違うとさらに怖がって固まってしまうため、早朝5時頃と深夜0時頃、散歩に出かけることにした。

彰子さんが住んでいるのは都内のオフィス街なので、早朝と深夜の人口が極端に少なくなる。その時間を狙っての散歩だが、〝散歩〟と呼ぶにはまだまだ道のりが遠い。すぐ固まって動かなくなるため、ネリを抱いて家に帰る日が3カ月以上続いた。


固まって歩かないネリの真冬の散歩は、厚着をしていても、体中の体温が奪われ、手足が氷のように冷たくなってつらさが増した。

ネリのことを思ってどれだけ愛情を注いでも、まるでバケツに穴が空いているようだった。注いだ愛情が注いだそばからどんどん流れてしまい、ネリの心には届かない。どうしたら気持ちが通じ合えるのか。寒さと情けなさで彰子さんは泣いた。

それでもネリは心を閉ざしたままだ。ついに心が折れそうになった彰子さんのもとに、さらなる悲しい知らせが届いた。大好きだった祖父が亡くなったのである。

葬儀のために、3日ほど実家に帰らなくてはならなくてはならず、その間、ネリを動物病院のホテルに預けなくてはならない。

未だ人間不信で、震えて体が硬直状態のネリをホテルに預けることに抵抗はあった。3日もよそに預けてしまったら、さらに自分との関係が不安定になってしまうかもしれないと思ったが、ほかの選択肢はなかった。

動物病院には、ネリが保護犬で人間不信であること、散歩はまったくできず、すぐに固まってしまうことを伝えて、彰子さんは実家へと向かった。

しかし、帰省中も彰子さんはネリのことが心配で仕方がない。

3日後、大慌てで実家から戻り、ネリを病院に迎えに行くと、スタッフがちょうど犬舎からネリを連れ出そうとしているところだった。

スタッフがネリを歩くよう促すが、ネリは固まったまま歩こうとしない。仕方なくスタッフが引っ張ると、座った状態でズズズっと、お尻を引きずられるようにネリが廊下に出てきた。

うつむいて、ぶるぶる震え、相変わらず誰とも目を合わそうとしない。恐怖心からか、彰子さんが迎えに来ているのにも気づいていないようだ。

その様子を見た彰子さんは「ネリ！　ネリ！　お母さんだよ。迎えに来たよ！」と声をかけた。

次の瞬間……、ネリが彰子さんの目を見上げて、ぶんぶんと大きくシッポを振った。彰子さんの顔を見た途端、一瞬にしてこわばりが解け、その顔には安堵と笑みが広がったのだ。


その時の感動は言葉では言い表せない。3カ月経ってようやくネリは初めてシッポを振り、自分の目をじっと見つめてくれたのである。

やっと、バケツの穴が塞がり、自分がネリに注いだ愛情を受け止めてくれるようになったのだ。彰子さんの目から自然と涙が出た。

もし、祖父の弔事がなければ、ネリの心の微かな変化に気づかず、ネリを誤解した

ままだったかもしれない。それはまるで、亡き祖父からのプレゼントのようだと彰子さんは思った。

彰子さんを驚かせたのはそれだけではなかった。

動物病院から彰子さんのマンションまでは徒歩10分ほどの距離だが、その10分間をネリは一度も固まることなく、立ち止まることもなく、スタスタと自分の足で歩いたのである。

そして、家路を急ぐかのように、自ら先頭に立ってマンションへと向かっていったのだ。

しかし、喜んだのも束の間、翌日からはまた固まって歩けない状態に逆戻りしてしまった。

それでも、彰子さんはネリとの信頼関係が確実に構築に向かっていると感じた。

あの日、ネリは自分と暮らす家に帰りたがっていた。それは、ネリが自分を信頼し始めている証拠だ。彰子さんにとって、その日の出来事は飼い主としての自信に繫がる大きな一歩となった。

その後も、一進一退を繰り返していたネリだが、彰子さんの大きな愛情を受け、ようやく普通に歩けるようになったのは譲渡から1年以上が過ぎた頃。

ちょうどその頃に、ネリときららは再会を果たしたことになる。私が見たネリは、センターにいた犬とはまるで別犬だった。

怯えた様子もまったくなく、震えることもなく、固まることもなかった。散歩も彰子さんと楽しそうに歩いていた。

家でリラックスした表情を見せるネリ

きららが子犬から1歳半になるまでの間、ネリと彰子さんは目の前にあるとてつもなく大きな壁と闘いながら必死で互いの信頼関係を築き上げていたのだ。

壁が大きければ大きいほど、その壁を壊したときの感動も大きい――。

そして〝与えられる喜び〟よりも〝与える喜び〟の方が格段大きいのもまた、私たち人間の心理だ。

プロジェクト・プーチのジョアンが言っていたように、彰子さんもまた、ネリという犬を迎えたことで、人としての大きな名誉を手に入れたのだと思う。

信頼関係ができると、彰子さんのネリへの愛情はますます大きくなっていった。

その愛情を一身に受け、ネリはよく食べ、元気いっぱいに回復していった。無駄吠えも全くない、実に利口な犬だ。

フィラリアも治療を継続し、体調にも異変がなかった。

この先、ずっと元気でネリと一緒に暮らしていくことだけが、彰子さんの願いだった。

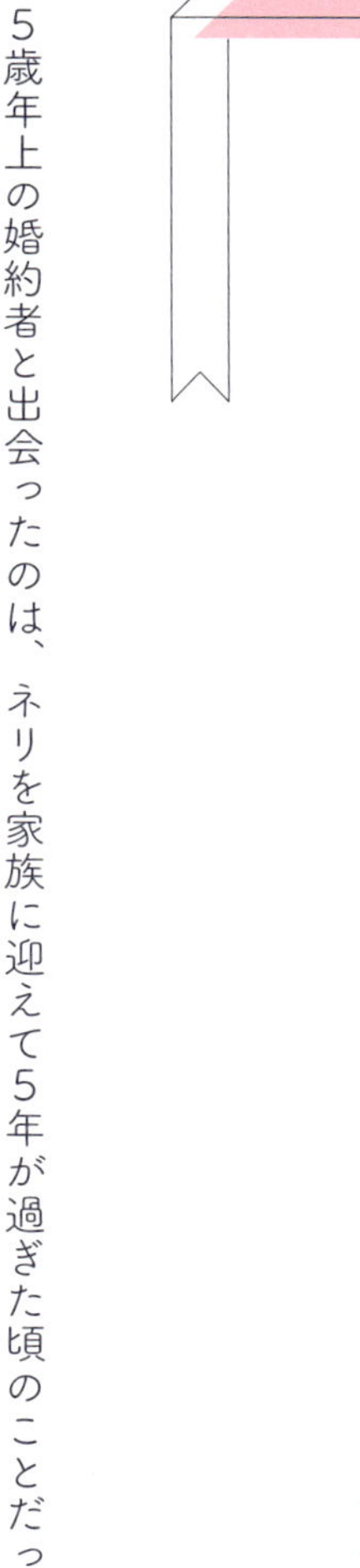

ネリが決めた結婚

５歳年上の婚約者と出会ったのは、ネリを家族に迎えて５年が過ぎた頃のことだった。

その頃には、ネリと揺るぎない信頼関係が構築されており、ネリは彰子さんにとって〝世界一大切な一人娘〟という、絶対的な存在になっていた。

当然、「犬が嫌いな人や苦手な人とは、絶対に付き合わない」と豪語していた彰子さん。医師である彼は、彰子さんの願いどおりの〝犬が大好きな人〟だった。

結婚を前提に付き合っていた二人は、休みのたびに彰子さんの家で時間を共に過ごすようになった。

彼が彰子さんの家を訪ねる時は、必ずネリにもお土産を買ってきてくれる。

ところが、当のネリは彼のことが気に入らないのか、彼が彰子さんのマンションに泊まると、必ず夜中に吠え、安眠を妨害するようになった。

これまでは声が出ないのかと思うほど、全く吠えなかったネリが、彼が泊まるときに限って、真夜中に大声で吠えたてる。

「ネリ……どうしたの？　シーッだよ。お願いだから吠えないで」

彰子さんも気が気でない。おかげで、彼が泊まりに来る日はいつも寝不足だった。

「ネリのことあんなに可愛がってくれるのに……どうしてネリはそんなに吠えるの？」

彼がいない日はまったく吠えないので、実に平和な夜だ。しかし、彼が来ると必ずネリは吠えるのだった。

それだけではない。ある夜、ネリはベッドで寝ていた彼の上に飛び乗り、バンバン飛び跳ねて、ベッドを大揺すり。「出て行け」とばかりに、これまでにないほど安眠を妨害したのである。

さすがに彼も不機嫌さを隠せない。

間に入った彰子さんも、なぜネリが彼にそんなことをするのか、理解できなかった。一抹の不安が残ったが、彰子さんは真剣に彼のことを愛していた。時が経てばネリも慣れてくれるだろう……。

彰子さんはあまり深刻に考えず、結婚を前提とした同棲の準備を始めることにした。

新居として彼が提案したのは、庭つきのテラスハウスだった。

「庭付きだから、ネリを外で飼えるぞ！　そうしたら、夜吠えることもなくなるんじゃないかな？」

彼のその一言に、彰子さんは耳を疑った。ネリを外で飼うとはどういうことなのか。

「意味わかんない！　ネリを外で飼うなんて考えられない！　そんなこと絶対にでき

るわけないじゃん！」

彰子さんがブチ切れると、彼は「まあまあ」となだめるように続けた。

「じゃあさ、実家で飼ってもらおうよ！　ご両親、犬、大好きだったじゃない？」

その言葉を聞いた彰子さんは、怒りを超えて悲しくなった。

「ネリにいっつもお土産買ってきてくれたよね？　可愛がってくれたでしょ？」

「え……、それは彰ちゃんが喜ぶからやってただけじゃん……。俺は、ネリはいらない」

今の言葉は本当に彼の口から出た言葉なのか——。あれだけ「ネリ、ネリ」と言ってくれていたのに、すべて偽りだったのか……？

頭の整理が追いつかず、あっけにとられて黙っていると、今度は彼がハッキリと言った。

「もう一度言う！　俺は、ネリは、い・ら・な・い！」

「ネリは私の娘！　ネリと離れるなんて絶対にできるわけないでしょ！」

「ネリと俺とどっちが大切なんだ！」

「ネリに決まってるでしょ！　ネリは私がいなきゃ生きていけないんだよ？　私には、その命を預かった責任がある。そんなことができるわけないじゃん！　ネリをいらないっていうなら、あんたとは別れる！」

間髪入れず、彰子さんは怒鳴った。

すると彼は彰子さんの機嫌を取るように、笑いながらこう言った。

「……いやいや、たかが犬でしょ？　犬だよ……？　命を預かった責任って、大げさすぎるっしょ？　それって変じゃない？」

「あんたの方が変だよ！」

医者ともあろう人間が〝たかが犬〟と命を軽んじる姿に、満ちた潮が一気に引いていくように心が冷めていった。

彼は元々犬など好きではなく、彰子さんに合わせて好きなふりをしていただけだったのだ。もう話す気にもなれなかった。

彼の本音を知った彰子さんは、ネリに申し訳ない気持ちでいっぱいだった。

その数日後、彼から「この前はごめんね！　ネリを今後も大切にして一緒に暮らしていこう」と、先日言っていたこととは正反対のメッセージが届いた。
今になってよくもこんなことが言えたものだ。
そのメッセージを見た瞬間、これまで繋がっていた糸がプツンと切れるように、心の中で何かが吹っ切れた。

もし、結婚したら、私がいない時にきっとネリを虐めるだろう。いや、医者の知識を利用して、もしかしたら変な薬でネリを殺してしまうかもしれない。彰子さんの心に猜疑心が限りなく湧いてきた。

『さようなら！　ネリを幸せにできない人とは結婚できません』

ついに、彰子さんは、ハッキリと別れを決意した。

彼との別れの後、彰子さんは目が腫れ上がるほど泣いた。悲しかったわけではない。あんな男と知らずに好きになった自分が情けなかったのだ。

あんな男を今まで家に上げて、ネリに会わせていたのか——。

ネリ、ごめんね……。

彰子さんはネリを抱きしめ、ネリに何度も心から謝った。

そして、その男が泊まった日を最後に、ネリのけたたましい鳴き声が響き渡る夜が訪れることは、二度となかったのである。

新たな出会いがあったのは、それからさらに4年後のことだった。2歳年下の貴史さんとは、仕事の関係で知り合った。貴史さんも〝犬が好き〟。

あの男のことも頭にあり、貴史さんのその言葉を100％信じたわけではなかったが、相手の「犬が好き！」の一言がなければ、交際すら始まらない。

貴史さんに人間的な魅力を感じた彰子さんは、彼の言葉を素直に受け入れ、交際を開始した。

貴史さんは、優しくて常に相手の気持ちを考えてくれる人だった。年下なのに弱音を吐いたり、愚痴をこぼしたりすることもなかった。それだけにストレスを一人で抱え込んでいるのでは、と彰子さんが不安になるほどだ。

ネリに対しても、常にネリの気持ちを最優先にし、大切に接してくれた。ネリが彼に懐かなくても、シッポを振らなくても、貴史さんは「ネリちゃん、時間をかけて、ゆっくり仲良くなろうね！」とネリを労わってくれた。

そんな貴史さんの姿に、彰子さんはますます惹かれ、二人は結婚を考えるまでの仲となっていった。

それからしばらくたったある日、貴史さんは彰子さんのマンションに泊まることになった。心配事はネリだ。ネリがまた吠えるかもしれない。

「ネリが夜中に吠えるかもしれないから、もし、吠えたら、ネリが慣れるまで、うちで泊まるのはやめた方がいいと思う……」

彰子さんは、ネリの気持ちを最優先したいことを伝えた。

話を聞いた貴史さんは嫌な顔一つせず

「うん。ネリちゃんのペースでゆっくり信頼関係を築いていけばいいよ。慌てなくていいから、ネリちゃん次第で大丈夫」

貴史さんは、この時も、彰子さんの気持ちを最優先してくれた。貴史さんにとって、彰子さんは最も愛する人。ならば、愛する彰子さんが愛してやまないネリもまた、貴史さんにとって大切な宝物なのだ。

二人はその夜、初めてネリとともに同じベッドで一夜を明かすこととなった。

どれくらい眠ったのだろう……。

彰子さんが目を覚ますと、外はすっかり明るくなっていた。ネリを見ると、気持ちよさそうにベッドの上で寝ている。貴史さんも気持ちよさそうに寝ている。

「嘘……!?」

ネリは昨晩、まったく吠えることなく、すやすやと朝まで寝ていたのである。

その次の時も、そのまた次の時も、貴史さんが家に泊まってもネリが吠えることはなかった。

さらに貴史さんは、彰子さんが仕事で留守の間にネリの散歩まで成し遂げたのだ。彰子さん以外の人と散歩で歩くなど、これまでのネリの性格からは考えられないことだった。

「どうして勝手に散歩に連れて行ったの？」

彰子さんが尋ねると

「ネリちゃんが行きたいって言ったんだよ」

と、貴史さんはケロリ。どうにも不思議でならなかった彰子さんは、貴史さんにネリを散歩に連れ出してもらい、後からついて行ってその様子を観察することにした。するとネリは、貴史さんの足並みに合わせ、スタスタテンポよく歩く。彰子さんを振り返ることもなく、一緒に楽しそうに歩いているのだ！

彰子さんの気持ちにもう迷いはなかった——。

■散歩中のネリ

ネリはすべてをわかっていたのだ。元カレがネリのことなどこれっぽっちも大切に思っていなかったこと。彰子さんがそんな彼の本音を見抜いていなかったこと。彰子さんにとって運命の人ではなかったのだということ。そして、貴史さんこそが、彰子さんにとって運命の人だということを。

言葉が話せない分、随分遠回りしたが、ネリはそれを彰子さんに伝えたかったのだ。

■結婚式に参加するネリ

七夕の7月7日、二人は入籍した。

彰子さんと貴史さんの結婚を、一番喜んだのは二人を導いたネリ本人だったに違いない。そしてネリにお墨付きをもらった貴史さんは、間違いなく彰子さんにとって最高のパートナーだ。

ウェディング写真には、美しい彰子さんと貴史さんの隣で、とびきりの笑みを

見せるネリの姿があった――。

その半年後、彰子さんの幸せな姿を見届けたネリは、悪性リンパ腫で、天国へ静かに旅立っていった。

悪性リンパ腫がわかったのは、入籍のわずか2カ月後だった。

最期は彰子さんのすべてを貴史さんに委ねるように、静かに目を閉じたという……。

ネリはきっと、安心して天国にお引っ越しできたはずだ。なぜなら、二人を結んだのは間違いなくネリだったからだ。ネリの思い出がある限り、二人の愛も続いていくことだろう――。

あの日、ネリと一緒に動物愛護センターにいたネリの娘・きららは、この秋、元気に15歳を迎えようとしている――。

保護犬が教えてくれたこと

誰かを愛するということは、その人の宝物（犬）もまた同じように愛するということだ。

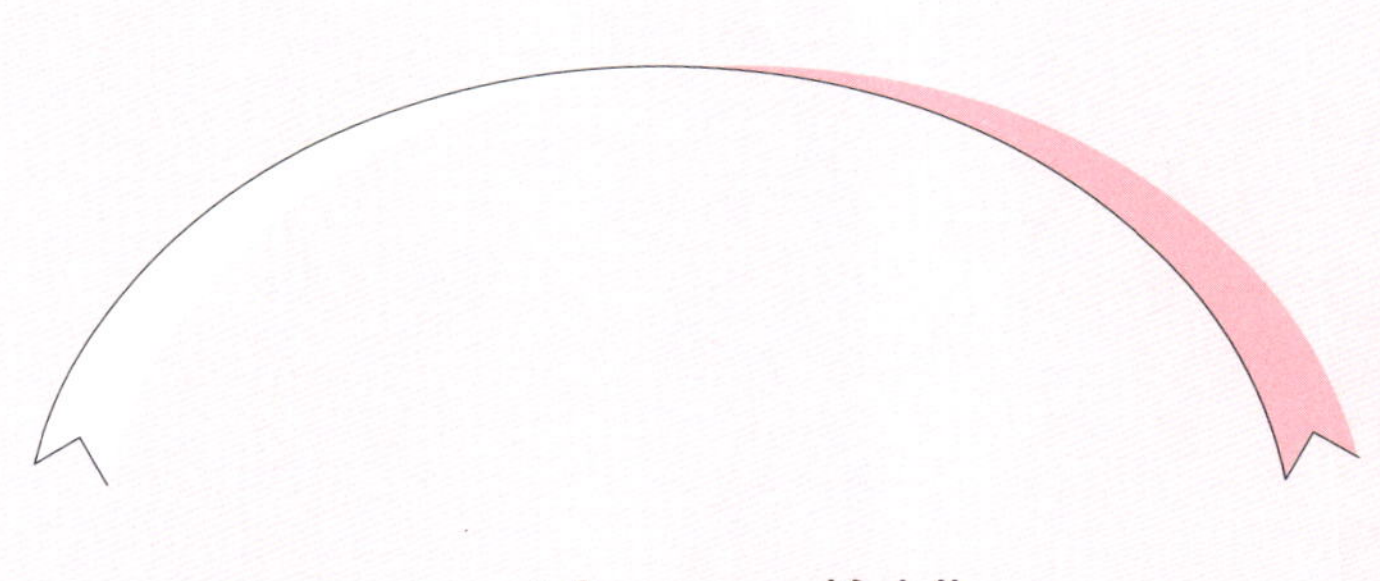

エピソードⅥ

猫が選んだ人

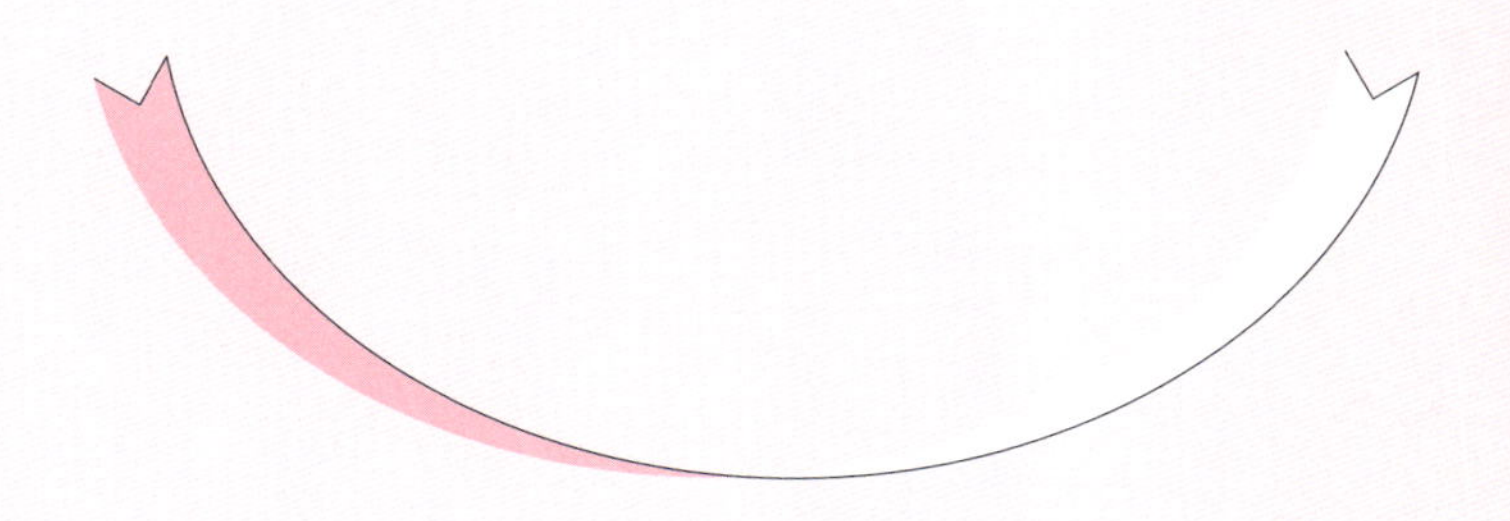

野良猫問題

仕事もプライベートも保護犬にどっぷり浸かった私であるが、実は私の友人、知人には、その対象が〝保護猫〟である人も多い。

昨今、捨て犬問題や野犬問題はかなり改善され、行政施設における犬の殺処分は激減。環境省の調査によると、未来が動物愛護センターに収容されていた２００５年当時は年間約14万頭だった犬の殺処分数も、２０２２年度には約２４００頭まで減ってきた。

現在、ほとんどの動物愛護センターで課題となっているのは、幼齢猫の収容と野良

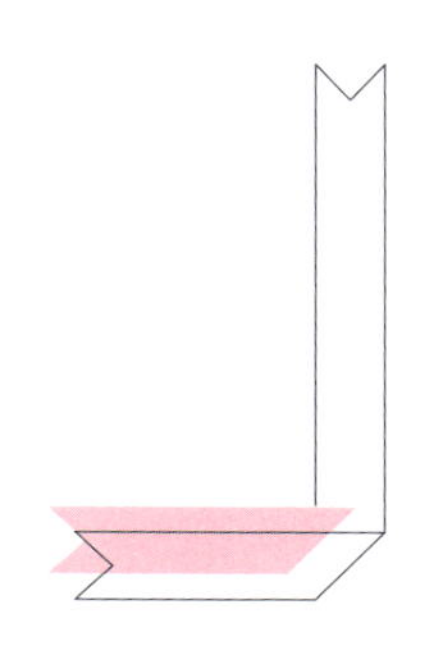

※1　猫は狂犬病予防法が適用されないため捕獲されないが、自立できない幼齢猫や負傷動物などは、住民からの通報があれば保護し、動物愛護センターに収容される。そのほか、庭で生まれた野良猫の子どもを住民が持ち込み、引き取るケースもあるが、各自治体によってルールが異なる場合がある。

猫問題だ。私の友人の多くも、地元の動物愛護センターと協力し、保護ボランティアとして長年活動しているが、次々と収容される幼齢猫は減る気配がない。

子猫たちの繁殖を繰り返しているのは、野良猫だ。

猫は狂犬病予防法が適応されないので、基本的に捕獲対象とならない（※1）。その結果、野良猫が繁殖を続ければ、収容される幼齢猫も後を絶たないというわけである。

そこで、多くの自治体がボランティアと協力して始めたのが〝地域猫活動〟だ。

地域猫とは、町内会やその地域にいる野良猫（※2）を保護（Trap）して、不妊去勢手術を施し（Neuter）、元いた場所に戻す（Return/Release）。その後の餌やり、トイレの掃除などを地域みんなで行って、繁殖させずに一代限りの命を大切に見守ろうという取り組みのことだ。（以下、TNR）

こうすることで、野良猫の繁殖を防ぐことができ、地域猫活動を徹底させれば、子

※2　地域猫活動では、野良猫と呼ばず「飼い主のいない猫」と称するが、ここではわかりやすく説明するため、あえて野良猫と表記している。

猫は生まれなくなる。やがて、その地域の野良猫はゼロになる、というわけだ。

一見、自由気ままに好き勝手生きているように見える野良猫だが、実は過酷な人(猫)生を送っている。室内飼育の猫の平均寿命が16歳くらいなのに対し、野良猫の寿命は個体にもよるが、平均5～6年ほどともいわれている。

夏の酷暑、真冬の極寒、さらに交通事故に遭う危険性と常に隣り合わせの環境を考えると、猫にとっては決して〝お気楽猫生〟とはいえないのだ。

ならば、手術をして再び公園や路上の野良生活に戻すＴＮＲもいかがなものか。手術を終えた時点で、自宅で家族として飼ってあげればいいのではないか？　と、多くの人は思うだろう。

私もそう思うし、地域猫活動に携わっているボランティアもみんなそう思っている。

つまり、地域猫活動に携っている人たちも、私も、ＴＮＲが野良猫にとってベストな愛護活動だとは思っていない。野良猫たちが保護された後に、飼い主のいる家で暮らせることこそがベスト。そう思っている。

しかし、生まれてからずっと野良猫として生きてきた猫は、ほとんど人に慣れていない。

そのため、家の中で飼うには、それなりの時間と飼い主となる人の並々ならぬ努力が必要となる。

また、私の友人をはじめ、地域猫活動に携わっている人たちはすでに数匹の猫を自宅で飼っているため、それ以上数を増やすことは多頭飼育崩壊に繋がってしまうのだ。

人間の生活が崩壊してしまっては、猫の保護活動どころの話ではない。命を捨てるのは一瞬だが、命を預かることは一瞬ではない。犬猫を飼育するためにはそれだけの時間とお金、そして愛情が必要だ。

ならば、不幸な野良猫をこれ以上作らないためにはどうするのか――？

それが地域猫活動であり、ＴＮＲなのだ。

ＴＮＲは、猫にとって〝ベスト〟とはいえないが、ベストにたどり着くための〝ベター〟な動物愛護活動なのである。

こうして、野良猫が減って数がうんと少なくなれば、TNRではなくTNH（Trap Neuter Home）、つまり保護して不妊・去勢手術を施し、家族として家に迎えることが可能となる。

昨今では、長年TNRを実施し、猫の数を減らして、TNHを実施している自治体やNPOもある。

また、地域猫活動は猫好きのための活動と思われがちだが、猫嫌いや、猫が苦手な人が受ける恩恵も大きい。なぜなら、長い目で見れば、野良猫そのものの数が確実に減っていくからだ。

一代限りの命を大切にする――。猫好きも猫嫌いも、そんな優しい目で猫たちの命を見守ってくれたら、私たち人間も幸せになれると思う。

動物が幸せな社会は、決まって人も幸せなのだと、私は思う。

未来の講演会がきっかけで知り合った友人、公益財団法人・日本動物愛護協会で事務局長兼常任理事を務めている廣瀬章宏さんも、猫を愛してやまない人の一人だ。

同協会では、今、一番問題となっている野良猫問題の解決に少しでも近づくよう、全国の飼い主のいない猫を対象としたTNR助成金事業を2015年に開始。これまでに2万4336頭の猫の不妊手術の助成を積極的に行ってきた。

飼い主のいない猫を一頭でも減らし、地域猫活動に携るボランティアの経済的負担を少しでも減らすことが目的だ。

その思いは、猫が大好きな章宏さんと職員、そして、自らも地域猫活動に積極的に参加しているもう一人の常任理事、みんなの強いが込められている。

そもそも、章宏さんが、ここまで猫という生き物に思い入れをもつようになったのには理由がある。ある1匹の子猫〝ねこぺん〟との出会いが廣瀬さんの人生を大きく変えたからだった。

猫好きの友人たちに言わせれば、猫という生き物は、犬とは比べ物にならないくらいミステリアスで意識の高い生き物だそうだ。

犬好きの私としては反発したいところだが、これぱかりは反論できそうにない。なにしろ猫に比べて犬という生き物は、ミステリアスなところなど微塵もなく、実にわかりやすい生き物だ。どんくさいところもあり、気高さという点では、猫の足元にも及ばない。

しかし私が犬をこよなく愛する理由もまた、猫とは違うそういう点だということも付け加えておきたい。

捨てられた子猫・ねこぺん

廣瀬章宏さんが愛猫・ねこぺんと出会ったのは、今から20年ほど前の梅雨時のこと。証券会社に勤める営業マンで、石川県金沢市で暮らしていた章宏さんは、今でもその日の出来事を忘れることができないという。

その日は、金沢百万石まつりが盛大に行われ、朝から町は大にぎわいだった。

証券マンの仕事は目の回る忙しさだ。毎日朝早くから夜遅くまで働き詰めだった章宏さんは、祭りに行く気にもなれず、朝から自宅のソファーでのんびりと過ごしていた。

夕べから降り続いていた雨も、出不精に拍車をかけた。日ごろの疲れが重なって、ウトウトまどろみ始めたが、激しい雨音に祭りのどんちゃん騒ぎ。昼寝しようにもうるさくて、寝ていられない。それでも起き上がる気が起こらず、ソファーの上でゴロゴロしていると、どこからか

「にゃー……にゃー……」

という声が聞こえてきた。

「あれ？　猫……？　ねえ、なんか猫の声、聞こえない？」

隣にいた奥さんの裕子さんに聞くと、彼女は耳を澄ましながらも

「えー？　そう？　何も聞こえないけど……」

と言った。

ここは、マンションの3階だ。この騒ぎの中、外にいる猫の声など聞こえるはずもない。しかし、

「にゃー……、にゃー……」

また聞こえてくる。

「ほら！　聞こえない⁉」

それでも裕子さんは首をかしげるばかり。

章宏さんはソファーから起き上がり、再び耳を澄ますと、たしかに弱弱しい猫の声が聞こえてくる。

幻聴……？　仕事での過重ノルマからくるプレッシャーで、ついに幻聴が聞こえるようになったのかと、章宏さんは首をかしげた。

それでも猫の鳴き声は聞こえてくる。

「ねえ、また猫が鳴いてるけど、聞こえない？」

「聞こえるはずないよ。だって、この雨であのどんちゃん騒ぎだよ？　家の中で猫が鳴いていても聞こえないくらい外はうるさいのに……」

裕子さんに言われて章宏さんも「それもそうだ」とため息を一つつくと、再びソファーに横になった。その途端、たしかに聞こえてくる。気のせいではない。

気になって、いてもたってもいられなくなった章宏さんは、マンションから表に出てみることにした。

やはり聞こえる……！

その声はか細く、今にも消え入りそうだ。なぜそんな小さな声が雨と祭りの音にかき消されず、自分の耳に届くのか不思議で仕方がなかった。

声を頼りに辺りを探してみると、小さな、小さなキジトラの子猫がぐっしょりと雨に濡れてうずくまっているのが見えた。

章宏さんはこれまで一度も犬や猫を飼ったことがなかった。しかし、このまま放っておけば、この小さな命はすぐに尽きてしまうということだけは、はっきりわかった。

子猫は片手の平に乗るほど小さい。章宏さんは後先考えず、慌てて子猫を抱きかかえて家に連れ帰った。

自宅に戻ると、タオルで体を拭いて温めてやり、急いで子猫用のミルクを買ってくると、お寿司についている鯛のランチャーム（ポリエチレン製の携帯用醤油入れ）でミルクを与えた。

するとと、子猫は先ほどの弱弱しさとは打って変わって、ごくごくと一生懸命ミルクを飲み始めた。

生きようと必死なのだ。

「ねこちゃん……絶対に生きたかったんだね。よく鳴いて僕を呼んでくれたね。よく頑張ったよ！」

裕子さんが隣から子猫を覗き込んだ。

「かわいいね。でも、この子どうするの？」

章宏さんは裕子さんのその一言に、現実を突きつけられた。

証券マンの日常は恐ろしく忙しい。朝早くに家を出て、帰宅は日付が変わっていることも珍しくない。その上、転勤族で、今後もあちこちに引っ越しをすることになるだろう。とてもペットを飼えるライフスタイルではないのだ。

「もう少し元気になったら、飼い主さんを探すよ。まだ、子猫だから飼ってくれる人もすぐ見つかるんじゃないかな？」

子猫は、章宏さんの目をじっと見ながらミルクを飲み続けている。

「ねこちゃん。必ずいい飼い主さんを見つけてあげるからね」

章宏さん夫妻は、あえて子猫に名前をつけず、「ねこちゃん」と呼ぶことにした。

名前をつけると情が湧いて、手放せなくなると思ったからだ。


しかし、人の気持ちとはそう単純ではない。

毎晩仕事でくたくたに疲れて帰ってくる章宏さんを出迎えるのは、決まって〝ねこちゃん〟だ。

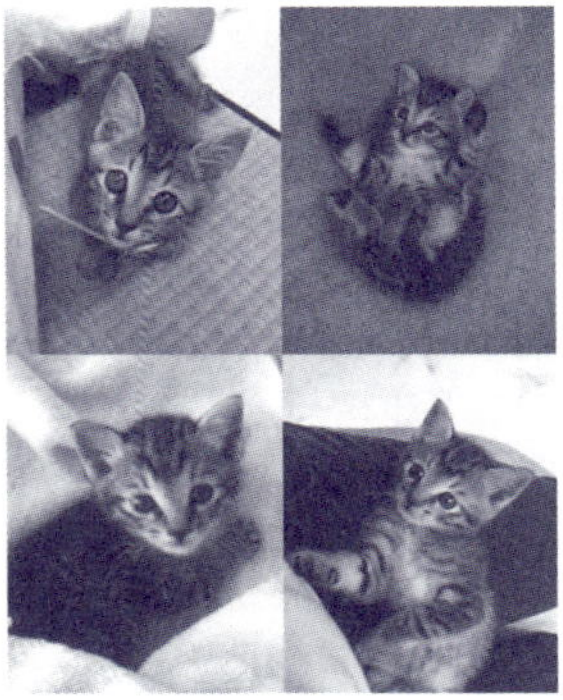

朝は、章宏さんの鼻を小さくて柔らかな肉球でペシペシ叩き、むぎゅっと抑えて章宏さんを起こす。そんな毎日が続くと、ねこちゃんの存在は、章宏さんの中でどんどん大きくなっていった。

■子猫のねこぺん

そして、ふと考えた──。なぜ、あの日、雨の祭りのどんちゃん騒ぎの中で、自分にだけねこちゃんの声が聞こえたのだろうと。

どう考えても家の中にいた自分に、か細い子猫の声など聞こえるわけがなかった。考えれば不思議なことばかりだ。この子は僕の人生に大きな転機を与えるためにやってきたのではないか。何かの使命を持ってここに来たのではないか──。

一度そう考えると、その思いを消し去ることはもはやできない。ならば、自分の手でこの子を幸せにするべきだ。

章宏さんは裕子さんと相談し、ねこちゃんを家族として迎え入れることを決意した。

こうして〝ねこぺん〟という新たな名前をもらった子猫はやがて、章宏さん自身の運命をも大きく変えていくこととなる。

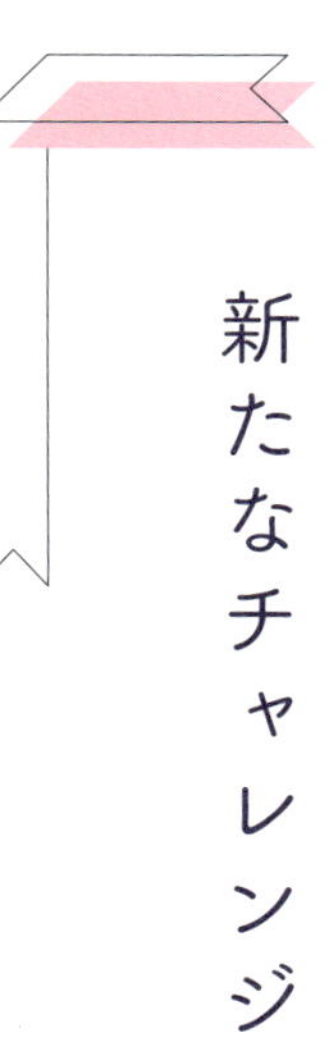

新たなチャレンジ

ねこぺんは、子どものいなかった章宏さん夫妻にとって、何よりも大切な存在となっていった。

猫の飼育経験がなかった章宏さんは、片っ端から猫に関する情報を集めて、ねこぺんとのよりよい関係づくりのため、熱心に勉強していた。

調べていくうちに最も印象に残ったのは、多くの捨て犬・捨て猫問題、野良猫問題、そして、動物愛護センターでの犬・猫の殺処分問題のことだった。

どうしてこれほどまで多くの犬や猫が捨てられているのか――。

そもそもねこぺんは、なぜ1匹で雨の中ぽつんといたのだろうか？

考えられることは、ねこぺんは、野良猫が生んだ子の1匹で、弱っていたために置き去りにされた可能性がある、ということだった。

猫に詳しい人に聞いてみると、親猫は体の弱い子どもを見捨てていくこともあるという。

保護当時、ねこぺんは弱っていて、その鳴き声も消え入りそうな状態だった。

何とか、ねこぺんのように捨てられる命を一頭でも減らすことはできないだろうか……。

章宏さんはネットを駆使して、動物愛護団体の情報を順次閲覧していった。その中で出会ったのが、日本動物愛護協会だ。

章宏さんは、同協会がボランティアを募集しているのを知り、すぐさま協会の会員となってボランティア活動に参加することにした。

章宏さんが担った仕事は、主に電話相談の応対や、書類の整理だった。地味な仕事だが、そのすべてが犬や猫に関わることだったので、勉強になり役立った。

電話相談では、依頼者の話と、ねこぺんと暮らし始めた自分自身を重ね合わせ、必要以上に親身になった。本来の生真面目さから書類の整理整頓もとことん丁寧に行った。

その熱心さは、協会の人たちが驚くほどだった。章宏さんのボランティアへのモチベーションはまったく下がることがない。

どんなに仕事が多忙でも、寝不足でも、時間がある限り、ボランティアには率先して参加した。それほどまでに、小さな命への思いは強くなっていた。

やがて数年が過ぎ、章宏さんは協会の事務局から「職員として働かないか?」という話を持ちかけられた。

絶妙なタイミングだった。この頃、章宏さんの会社では早期退職希望者を募っていて、40代半ばだった章宏さんもその対象となっていたからだ。

鬱病になるほどの過酷なノルマに耐えられず、営業のために会社を出て、公園のベンチでボーっとしていたことも多々あった。

ふと遠くを見ると、同じ会社の人間が同じように疲れ果てた様子でベンチに座っているのが目に入った。みな限界まで働いていたのだ。

これが本当に自分の命をすり減らしてまでやりたい仕事なのか――？　答えは明らかに「ノー」だ。

そこに降って湧いたように訪れた、転職オファー。とっさにねこぺんの姿が脳裏に浮かんだ。

聞けば、給料は働いている証券会社の3分の1だという。しかし、章宏さんの中に迷いはなかった。

若い頃は〝どれだけ稼いだか〟が自分にとって大事な指針の一つだったが、今の自分に必要なのは、仕事への誇りとやりがいだ。どれだけ稼ぐかではなく〝どれだけ自

■ねこぺん（左右とも）

分の仕事を愛せるか〟が自分にとって重要なものとなっていた。

章宏さんは、これまで勤めてきた証券会社を退職し、日本動物愛護協会への転職を決意した。

その数年後、仕事の成果が高く評価された廣瀬さんは、協会の事務局長に就任。翌年には事務局長兼常任理事に就任したのである。

章宏さんの運命を大きく動かしたのは、捨て猫・ねこぺんだった。

もし、ねこぺんがいなければ、今でも廣瀬さんは、証券マンとして身と心をボロボロにすり減らしながら働いていたことだろう。

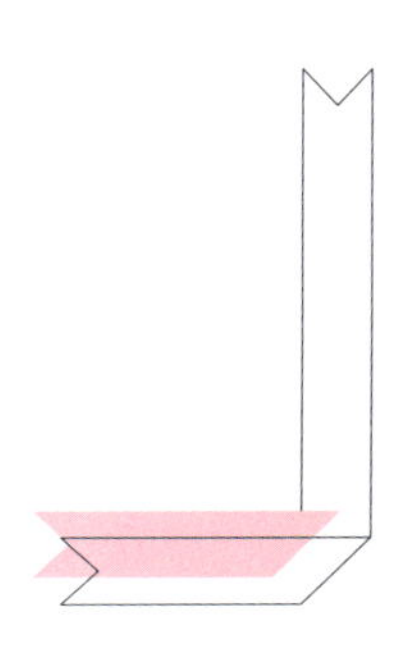

さようなら、ねこぺん

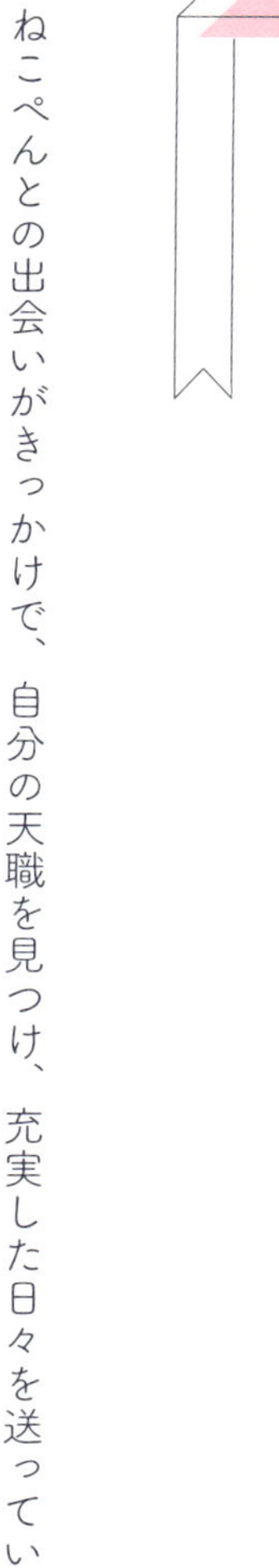

ねこぺんとの出会いがきっかけで、自分の天職を見つけ、充実した日々を送っていた章宏さん。

その愛してやまないねこぺんの脾臓にガンが見つかったのは、ねこぺんが11歳になった年の定期健診だった。

診断後、すぐ手術をして一度は健康を取り戻したねこぺんだったが、高齢期になった15歳の時、再び異変が起こった。今度は大腸ガンである。

15歳という年齢を考えると、手術すべきかどうか章宏さんは悩んだが、ねこぺんは体力もあり、食欲も旺盛だ。健康状態も悪くない。このままガンとわかっていて手をこまねいて見過ごす手はない。裕子さんとも話し合い、章宏さんは思い切って手術をすることに賭けた。

ところが、いざ手術をして開腹すると、ガンは全身に転移し、手の施しようがない状態にまで広がっていた。

「余命わずか、10日ほどだと思います……」

獣医師にそう言われ、ショックを受けた章宏さんは、病院からどうやって帰ったのかも思い出せないほどだった。

手術後は、どんどん食欲が落ち、章宏さんはシリンジを使って食事を与え続け、一秒でも長く一緒にいられるよう、ステロイドの点滴を病院から持ち帰り、自宅で投与することにした。病院より自宅の方が、ねこぺんにとっていいと思ったからだ。

しかしねこぺんは、点滴を徹底的に嫌がり、廣瀬さんの顔を見るだけで逃げてしまう始末。

ねこぺんを助けるためなのに、ねこぺんが一番嫌がることを自分はしようとしている……。

「君のためにやってるんだよ」

そう伝えたくても、その思いはねこぺんには届かない。刻一刻と、お別れの日が迫って来ていた。

ねこぺんは、すでに起き上がることも、「にゃー」と鳴くことすらできない。

異変にすぐに対応できるよう、章宏さんはリビングのソファーで寝起きして、付きっ切りで看病した。

ある朝、章宏さんが「ねこぺん、おはよう」と言うと、やせ細り、声も出せなかったねこぺんが、その日は「にゃー……」と小さく答えた。

その姿に章宏さんはいよいよだと覚悟を決め、ねこぺんの前足を握ってずっとそばで見守っていた。

「ねこぺん、もうすぐクリスマスだよ！　一緒にクリスマスをお祝いしようね！」

あと３日でクリスマスだ。章宏さんは何度もそうやってねこぺんに話しかけた。

しかし、その時はやってきた——。

クリスマスを待つことなく、ねこぺんはその日、静かに天国に旅立っていったのである。


章宏さんは、訃報とともに、悲しみを吐き出すように涙ぐみながら、私にこんな話をしてくれた。

「点滴が大嫌いで、点滴を始めてからは僕の顔を見ると逃げるようになっちゃって。大好きな子が一番嫌がることをやっている自分って何なんだろうって。それでも、嫌われてもいいから、ずっと生きていてほしかった……」

どうしてあげることが、彼・彼女にとって一番よかったのか——。病気で愛犬や愛猫を看取る時に、多くの飼い主さんが思うことだ。

私も、多くの友人から「何をしてあげることが正解だったんだろう」という言葉を何度も聞いた。

そんな時に言えることはたった一つだ。飼い主さんが決めたことが一番だということ。犬や猫にとって、大好きな飼い主さんが決めたことこそが、彼らにとっても一番の選択なのだ。

そんな言葉を、その時私は章宏さんに伝えたと思う。

その後、しばらく話しているうちに、章宏さんは少し気持ちが落ち着いたのか、

「今西さん、スピリチュアルな出来事って信じる？」と聞いてきた。

なぜそんな質問をするのか、少し驚いたが、章宏さんのその時の声は少し明るく聞こえた。

「私は信じるタイプだけど……」

私は嘘偽りない気持ちを伝えた。

「僕はね、昔からそういうの一切信じないタイプだったんだけど、実は不思議なこと

があったんだよね……」

それは、ねこぺんを荼毘に付し、遺骨を自宅に持ち帰ってきた深夜の出来事だ。

眠れず、遺骨を抱いて部屋に座っていると、突然ワークデスクの上からクリスマスソングが流れてきたという。

誕生日をお祝いされるねこぺん

「メロディーの発信元は、机に飾ってあった友人からのクリスマスカード。カードは、ポチっとボタンを押すとクリスマスソングが流れるものなんだけど、そもそも誰もボタンを押してないんだ。デスクにも近づいてもいないのに、突然、クリスマスソングが流れたんだよ。すっごく不思議だった……。きっとねこぺんが、『ぼく、ここにいるからね！』って最後のお別れに来てくれたんだと思う」
章宏さんの言うとおり、ねこぺんが最後のお別れにやってきたのだろう。この話を聞いて、私が驚くことはなかった。

なぜなら、私が愛犬・蘭丸を天国に送った時も、まったく同じ経験をしていたからだ。

蘭丸は、変性性骨髄症と扁平上皮癌を同時に患い、12歳で他界してしまった。蘭丸を荼毘に付し、自宅にお骨を持ち帰ると、私のワークデスクに置いてあった蘭丸が一番お気に入りのぬいぐるみ（ブーアくん）がぴょんっと飛び降りてきたのだ。落ちてきたというのが事実だろうが、たしかに飛び降りてきたように私には見えた。もちろん窓は閉め切っていて、風などはない。驚いてまた元の場所に戻すと、その数分後にぴょんっと再び飛び降りてきたのだ。

その時、私が思ったことは章宏さんとまったく同じだ。蘭丸が、お別れを言いに来たんだなあ……。

それ以来、ブーアくんが落ちてくることは二度となかった。

1つ素敵なおまけ話をすれば、蘭丸が大好きだったブーアくんは、私がポートランドのマクラーレン少年院に行った時に、ジョアンが「蘭丸に！」とプレゼントしてくれたぬいぐるみだということだ。

あれから23年が過ぎた――。

蘭丸がお気に入り故、遊びすぎてボロボロになり、あちらこちらつぎはぎだらけになったブーアくんは、今も私の寝室に座っている。

どんなにぼろでも、蘭丸の思い出が詰まった大切な宝物だ。捨てることなどとてもできない。

ちなみに、ブーアくんのつぎあて縫いをしたのは、私ではなくダンナである。

訳あり猫・ななとの出会い

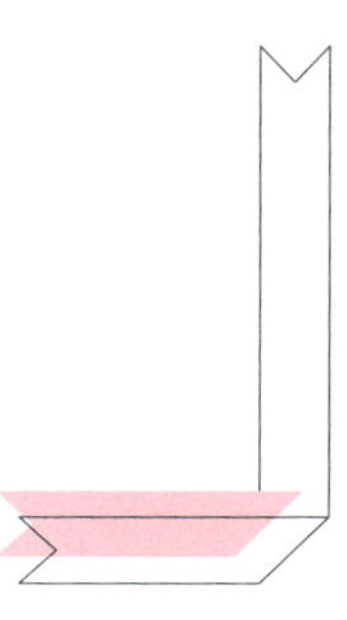

愛猫・ねこぺんを失った章宏さん。
その後1年が過ぎ、気持ちが落ち着けば、また新しい猫を迎え入れるのだろうと、
私は当然のように思っていた。
「そろそろ新しい子、飼わないの？」
そう私が聞くと、彼は
「積極的に新しい猫を迎える気はないんだ」
と、言った。

積極的にという言葉が妙に引っかかり、理由を尋ねると、「万が一のために空けておきたい」という。

どういうことか聞いてみると、〝訳ありの猫〟のために自分の体を空けておくという意味らしい。いかにも章宏さんらしい考えだ。

「例えばどんな猫？　譲渡先が見つかりそうにない老猫とか、病気の猫とか？」

と聞くと、

「それは、わからないよ。ねこぺんもそうだけど、こういったものは縁でしょ」

と、一言。

なるほどそんなもんかと思うが、保護犬・保護猫を飼っている人たちと話をしていると、みなつくづく〝縁〟というものを大切にしていると感じる。


そんな話をしてから、約1年半が過ぎた頃、章宏さんから捨て猫を連れて帰った、という連絡を受けた。

話を聞くと、その猫はまさに〝訳ありの猫〟で、まるで章宏さんの思いを知って、彼を選んだかのように章宏さんのもとへとやって来たのだった。

それは、七夕の夜の出来事。

いつものように章宏さんが仕事を終えて、自宅の最寄り駅から家に向かって歩いていると「にゃー」という声が聞こえてきた。

後ろを振り返ると、やせ細った三毛猫が章宏さんを見上げている。

「猫ちゃん、どうしたの？　一人なの？」

章宏さんが再び歩き始めると、猫は章宏さんの後をひたすらついて来る。

章宏さんが住んでいるのは神奈川県横浜市の大都会だ。通勤路には、ほかにも帰宅を急ぐサラリーマンが何人も通るのに、猫はほかの人には見向きもせず、ひたすら章宏さんの後ろをついて来るのだ。

人を怖がらないところを見ると、野良猫ではないのだろうか？

しかし、飼い猫にしては毛並みが悪く、ガリガリに痩せている。鼻血も出ていて、足を引きずっているのか、歩き方も変だ。

章宏さんは、猫にそっと手を出した。逃げる気配はない。そしてゆっくりと抱っこすると、猫は安心したかのように再び「にゃー……」と甘えた声を出した。

まるで綿菓子のような軽さだ。栄養失調だということはすぐにわかった。

章宏さんが、そのまま猫を抱きかかえると、猫は章宏さんの両腕の中に顔をうずめ、甘えるように何度も顔をすりよせた。

「大丈夫だよ、もう安心して」

章宏さんは、言い聞かせるように猫を撫で、そのまま急いで自宅へと向かった。

章宏さんは、そのメスの三毛猫に〝なな〟と名付けた。

それにしても、この体重の減り方は尋常じゃない。ひどいやせ方と鼻血が心配になった廣瀬さんは、翌日、ななを動物病院に連れて行くことにした。

ななは、爪切りや毛玉取りをしている間も、じっと動かず大人しくしていた。

処置を終えて体重測定をしてみると、なんと2kgしかない。

普通の成猫は、品種や個体によっても異なるが、3〜5kgくらいの体重が標準なので、ななはその半分近い重さということだ。

ななを診察した獣医師は、しばらく黙って「うーん……」としかめっ面をしながらこう言った。

「ずいぶん年をとっていますね。そうだなあ……15歳は過ぎてると思います。耳もほとんど聞こえていませんね。病気もかなりあります。ガリガリに痩せているのは、栄養失調というより病気のせいでしょう」

ななは、猫エイズにも感染し、甲状腺機能亢進症という病気を抱えていて、そのせいもあって体重が増えないのだ。病気が改善すれば徐々に、体重も増えて体力も回復していくはずだという。

章宏さんは、獣医師から勧められるまま治療をすることにした。

「鼻血の原因は何なんでしょうか？」

「レントゲン検査はできますが、この様子で高齢だと、何かほかに見つかったとしても手術はできませんし、治療にも限界があると思いますよ。とりあえず点鼻薬と抗生剤で様子を見ることにしましょう。それと、この状態から見るとあまり長生きは期待できません」

その言葉を聞いた章宏さんは、言葉を失った。こんな状態になるまでフラフラと歩いていたなんて、いったいこの子に何があったのだろう。15年という長い年月をどんなふうに誰を過ごしてきたのか……。

そう思うと、泣きそうになった。

何がなんでも俺が助けてやる！　章宏さんは、決意した。


「あと数日このまま外で暮らしていたら、この暑さです。病気の上、耳も聞こえないおばあちゃんですから、間違いなく死んでいましたよ」

獣医師の言葉に、章宏さんの涙腺が一気に崩壊した。

「今、こうして生きていることが不思議議です。よく助けてあげましたね」

ななは、章宏さんにべったりだ。診察を終えて章宏さんに抱っこされると、安心するのか、こっくり、こっくりと眠りだした。

その姿を見ていた章宏さんは、ますますななのこれまでの生活が気になった。野良猫ならまずこんなに人懐っこいわけがない。絶対に人には近づかないし、人が近づけば、一瞬で逃げてしまうはずだ。抱っこなど言語道断。咬みつかれるか、猫パンチを食らうか、引っかかれて血まみれになってしまうだろう。

迷い猫かとも思ったが、飼い猫ならこんなひどい状態になるまで病院にも連れて行かず放っておくわけがない。

まさに不思議の連続だった。


家に帰ると、ななは逃げもせず、まるでずっと前からそこにいたかのようにのんびりと過ごしていた。ねこぺんの使っていたベッドが、ななのお気に入りのようだ。ねこぺんが亡くなって2年以上が過ぎていたが、まだねこぺんの匂いが残っているのかもしれない、と章宏さんは少し嬉しくなった。

2日ほど過ぎると、薬の効果も出てきたのか、食事もペロリと完食し、時々ねこぺ

保護されたなな

んにお供えしていたキャットフードを盗み食いするほどの回復を見せた。
薬も嫌がらず服用する。まったく手のかからないおりこうさんだ。

ななは、章宏さんが大好きで、家にやってきた日から、家中どこにでもくっついて回った。もちろん寝る時も一緒だ。そんなななが、章宏さんは可愛くて仕方がなかった。

それから何日か経った頃——。
自宅の最寄り駅から帰宅中の道で、ねこの写真が入った1枚の張り紙が章宏さんの目に留まった。猫のこととなると途端にアンテナがピーンと立つ。近くの公園で行方不明になった地域猫を探しているチラシのようだ。
「どれどれ」と、近づいて張り紙を見ると、なんと写真の猫は、ななそのものだ。

「地域猫……。そういうことだったのか」

飼い主がいなくても地域猫として公園で飼われていたから、ななは人懐っこかったのだ。しかし地域猫で、住民らで面倒を見ていたのなら、なぜこんな状態になるまで誰も病院に連れて行かなかったのか。

その公園は、大きな運動場を備えた公園だ。昼間は子どもたちがサッカーをしたり、大人がジョギングをしている姿を多く見かけたりするが、公園からここまで来るには、大きな道路を渡らなくてはならない。

あの大きな公園のどこで、どう過ごしていたのかは知る由もないが、ながそんな危険を冒してまで公園を出た理由がわからなかった。

少なくとも公園近隣の住民たちは、心配でななを探しているのだ。それなりに可愛がっていたのだろう。

何はともあれ、探している人がいるのなら、連絡をしなくてはならない。万が一〝猫さらい〟だと思われては一大事だ。

章宏さんは、スマートフォンを取り出し、すぐにチラシに書かれていた電話番号に電話した。

相手の話から、張り紙の猫はやはりななだった。

詳しく話を聞くと、ななは15年くらい前から、その公園に住みついた野良猫で、近隣の住民20人くらいで世話をして可愛がっていた地域猫だという。食事当番の住民の庭に段ボールの箱を置いて、夜はそこで寝ていたというのだ。

探していた猫が見つかったと聞いた電話番号の主は、大喜びだ。

「数日前からいなくなって、みんなすごく心配していたんですよ。いやあ、ありがとうございます。で、いつ返していただけますか？」

その言葉を聞いた章宏さんは、いささか腹が立ってむっとした。

これまで生きていたこと自体が不思議なのに、このまま返して再び路上生活をさせれば、ななは間違いなく死んでしまう。

「申し訳ないのですが、お返しすることはできません」

やんわりと断り、その理由を告げた。

「あの子は、病気を患っていると獣医さんに言われて、現在治療を続けています。公園ではなく、これからは僕が家族として、自宅で大切に飼うことをお約束します。今、あの子を外に戻すことは死を意味します」

章宏さんが丁寧に説明すると、相手は「いい人に拾っていただいてよかったです。でも、みんなが可愛がっていたのでとにかく一度返してもらえませんか」と食い下がった。

「今、公園に戻せば死にますよ！　皆さんで可愛がっていたのなら、なぜあの子を病院に連れて行ってくれなかったのですか」

「病院に連れて行こうとしても、野良猫ですから逃げて捕まえることができなかったんです」

その言葉を聞いて章宏さんは、びっくりした。

あの七夕の夜、ななは、章宏さんにぴったり寄り添うようについてきたからだ。病院でも声一つ立てず、じっと章宏さんに身を委ねていた。逃げるなど信じられなかった。

そもそも公園がお気に入りで、安心できる寝床があるのなら、なぜ大きな道路を渡り危険を冒してまで、公園を出たのか。しかもよろよろのあの状態で、だ。

「放っておくと死んでしまうと思わなかったのですか？」

怒りを抑え、章宏さんは声を低くして聞いた。

「野良猫なので、病院に行くのは大きなストレスだろうと思いました」

「あの子は今、僕の家でとてもリラックスして暮らしています。これからもできる限りの治療をして、最期まで責任を持って面倒見ますから、どうか心配しないでください」

相手はそれ以上何も言わず、章宏さんがななを飼うことにも反対しなかった。章宏さんは相手の信頼を得るため、自分の連絡先と、身分を明かして誠意を示し、その日は電話を切った。

その人から章宏さんのところに再び連絡があったのは、その数日後のことだ。

「お宅の家であの子を飼うことは住民みんなが合意したので、もう公園に戻ってこないということになります。みんなでお別れ会をしたので、一度、公園まであの子を連れて来て、最後にみんなで順番に抱っこさせてください」

ななの今の健康状態を考えると、酷暑の公園の中で、大勢が抱っこしたり、撫でたりすることは、もはや虐待に値する。

彼らの中に〝動物を可愛がりたい〟という気持ちはあるのかもしれないが、〝命に対する責任〟や〝相手へのおもいやり〟というのはないらしい。

人は誰しも犬や猫に癒されたいと思うものだろう。事実そういったことが目的で犬や猫を飼う人がほとんどだ。しかし、癒しを相手から享受したのなら、自分もその相手に十分な癒しを与えてあげなくてはならない。

「あの子が可愛いと思うのなら、あの子の幸せを一番に考えてくれませんか。これまで可愛がってくれたことには心から感謝します。ななもみなさんのことが大好きだと思いますが、今は高齢で病気の治療中なんです。申し訳ありませんが、このまま私にななのことは任せてください」

「………」

相手はしばらく沈黙を保っていたが、「わかりました」と答えると、それ以上、何も言おうとしなかった。

自分の気持ちを理解してくれたのだと思う反面、これが「地域猫」の難しさなのだと、章宏さんは感じた。

彼らは悪い人ではない。もし、ななが彼らの中の誰かの飼い猫だったとしたら、病気になれば病院にも連れて行ってもらえただろう。

問題なのは、〝みんなで世話をしている〟という地域猫独特の飼育方法だ。

そこには地域猫に対して〝家族〟という意識はなく、みんなで可愛がっている〝癒しの町猫〟というイメージなのだ。

日常の世話の分担は決まっていても、健康管理はどうなのか、病気になった時は誰が病院に連れて行くのか、また治療費の負担はどうするのか、そして高齢期になった時、どう飼育するのか、そこまで徹底して地域猫活動をしている地域住民は多くはない。

ご飯をあげて、残飯整理を終え、トイレの設置と掃除をきちんと行い、寝床を提供する。これだけで十分だと思われているが、ななのように高齢になった地域猫が外で暮らすことは過酷だ。

高齢になった地域猫は外で生活させず、世話をしている誰かが飼い猫として引き取り、最期を看取ってやる覚悟が必要なのではないだろうか――。

しかし、現実はそう簡単ではない。地域猫となって世話をしても、懐かない猫は多いし、前述の通り、室内飼育の数には限界がある。

章宏さんは、ななと出会ったことで、地域猫活動の難しさと新たな課題を改めて突きつけられたような気がした。

章宏さんが勤務する日本動物愛護協会では、〝不幸な命を生み出さない。今いる命を幸せに〞を、地域猫活動のスローガンとして掲げている。

たしかに、TNRによって野良猫は子猫を産まなくなり、野良猫が増えることを防げるが、今いる一代限りの命を幸せにするためには、病気、怪我、高齢になった地域猫をどう守り、幸せな一生を約束するのかも考えなければならない。

まずは、自分自身が手本となり、ななの幸せを約束してやるべきだ。

野良猫の暮らしがいかに過酷でつらいものか、それを伝えるためにななは、自分を選んでくれた。その期待には応えなければならないと、章宏さんは思った。

ななが出した宿題

ななは、元野良猫とは思えないほど、章宏さんの家になじんでいった。

毎朝章宏さんと起きて、仕事から帰ってくると真っ先に迎えにいく姿は、まるでねこぺんのようだ。食欲もあり、薬の効果もあって、体重も順調に増えていったが、そんな生活は長くは続かなかった。

章宏さんの自宅に来てから2カ月が過ぎた頃から、急に食欲が落ち、元気もなくなり、歩くのもままならないほどになった。

章宏さんが再び動物病院に連れて行くと、前足に骨折が見つかったのだ。すでに高齢で体力もないので手術はできず、ギプスで補うことにしたが、いつまでたっても骨がくっつく気配はない。

再び動物病院でレントゲンを撮影してもらうと、ななの骨折は、ほかにも複数見つかった。

「これだけ骨折しているのに、歩けるんですか？」

驚いて獣医師に尋ねると「歩くんですよ」と獣医師が言い、こう続けた。

「野良猫はね、どんなに痛くても一生懸命歩くんです。いや歩かざるを得ないと言った方が正しいかな。飼い猫は飼い主に世話をしてもらえるけど、野良猫は自分の足で歩かないと、ご飯も水も飲めないでしょう？　死んでしまうから、必死なんです」

やはり地域猫といえども、野良猫なのだ。その生活がどれほど過酷なものかを突きつけられた気がした。

この世の中には、どれほどの猫がななのような状態で毎日を生きているのだろう――。

章宏さんは、ななを抱いて「ごめんね、ごめんね」と謝った。

骨折がひどく、食欲の落ちたななの体重は1kgまで減っていた。

「もうギリギリです。長くはありません……」

ななはすでに立つこともできず、寝たきりだ。床ずれを心配した章宏さんは、ななのために、ハンモックを手作りして、立位が保てるように工夫した。小さなハンモックに前足と後ろ足を入れる穴を４つ開け、ハンモックを棒につるして、ななの体高に合わせれば完成だ。

早速試乗させてみると、ななの体がハンモックにしっかりと固定され、立位が保たれた。今後は１日に何度かハンモックに乗せて、２時間おきに寝返りを打たせれば、食事もしやすくなり、床ずれの心配もなくなるはずだ。

ハンモックに乗るなな

章宏さんは、ななのためにできることは何でもやった。

毎晩寝ずにオムツを替えたり水を飲ませたり、何としてでも元気になってもらいたかったのだ。

その日も、章宏さんが寝ずにずっとそばにいると、ななは甘えたいのか、章宏さんの顔を見ると何度も「にゃー……」と鳴いて、章宏さんを呼んだ。

「ななちゃん、たくさんおしゃべりしてくれるけど、お父さん、わからないよ……。オムツ替えてほしいの？　お水？　痛いの？　苦しいの？」

章宏さんは、オムツが汚れていないか確認した。オムツは大丈夫そうだ。

ななが再び「にゃー……」と小さく鳴いた。

章宏さんは、ななを抱き上げて、スポイトで水を飲ませながら「苦しいの？」と言い、ななの体を何度も何度もさすってやった。

綿菓子より軽くなったななの体から、トクン、トクン……と心臓の音が伝わってきた。

「ななちゃん、ななちゃん……」

ななは、そっと目を閉じたまま動かなくなった。

その日は、ねこぺんが亡くなったのと同じ、クリスマスを間近に控えた12月の夜のことだった──。

翌朝、章宏さんからななの訃報を受けた私は「お疲れさま……。今頃ねこぺんと一緒にいるよ」と言うのが精いっぱいだった。

「一生懸命看取ったつもりだけど、完璧じゃなかったと思う……」

完璧な看取りって何なのだろう？　この人は常にまっすぐで一生懸命で、自分に厳しい人なのだ。あれだけのことができる飼い主はそうはいない。

「お疲れさま」

私がもう一度そう言うと、

「今度は、寄り道しないでまっすぐに僕たち夫婦のところへ来てほしい。本当にそう思ったんだよね」

と、章宏さんは言った。

「寄り道じゃないと思うよ。ななちゃんは、地域猫代表として、人間に言いたいことを伝えるために、廣瀬さんのところへ来たんだよ」

私の嘘偽りのない気持ちだった。

動物愛護団体の事務局長として地域猫活動を積極的に応援している彼のところに、地域猫たちの現状を知らせるために、ななはやってきたのだ。そうとしか思えなかった。

廣瀬章宏という人は、つくづく猫たちから〝猫のための大切な使命〟を担わされる人なのだろう。

章宏さんとななの話を聞いて、私も地域猫活動について多くを考えさせられた。

何度も言うが、地域猫活動は野良猫にとってベストなものでは決してない。

しかし、地域猫活動というベターな愛護活動を続けていかなければ、ベストにはたどり着けない。そんなことを、ななは章宏さんに伝えたかったのだろうと私は勝手に思っている。

縁は続くよ、どこまでも……

章宏さんがななと出会ってから、私は、地域猫活動への理解を子どもたちにも促したいと思うようになった。野良猫はどこにでもいる。子どもたちの通学途中にもいるし、学校周辺でも見かけることがあるだろう。

野良猫が野良になってしまったのは、彼らのせいではなく、元々飼われていた猫が捨てられ、繁殖した結果だ。野良猫を作った責任は、私たち人間にある。

そんな猫たちを子どもたちが優しい目で見守り、できることから始めてくれたらと強く願う――。

そのために私にできることといえば、まずは本を書くことだ。

地域猫は幼い子どもには難しいテーマだが、小さな子どもでも理解できるような話を考えたらどうだろう？　そう考えていた矢先、廣瀬さんから「ななのことを児童書で書いてほしい」との相談を受けた。まさに以心伝心！

とりあえず、知り合いの編集者に話をして企画書を提出すると、小学校低学年向けの幼年童話として、出版できることとなった。


幼年童話とは、絵本と読み物の中間的立場の本で、絵本より文章量が多く、かつ絵本のような大きな絵が入る幼年向けの本のこと。読み聞かせにも最適だ。

刊行が決定したところで、絵を描いてくれる画家さんを選ぶのだが、編集者と相談した結果、我が家の未来の幼年童話『かがやけいのち　みらいちゃん』（岩崎書店・2018年）でお世話になった画家、ヒロミチイトさんにお願いすることになった。

手順としては、まず私が原稿を書き上げ、その話をヒロミチイトさんが読んで絵を描き、本が仕上がっていく。

ヒロミチイトさんも猫を飼っているので、猫のことはよくわかっているはず。どんな素敵な絵が仕上がってくるのかとても楽しみだ。

すると、原稿送付後に、ヒロミチイトさんからこんなメールが届いた。

『原稿拝読いたしました。とても感動しました。人間の優しさ、そして身勝手さ、命の尊さ、人間と動物との関係性。この本に携われることをとても光栄に感じております。

そして、原稿を読んだ直後になんと、奥さんと人里離れた山道を散策中に、野良猫を保護しました。ななちゃんのお話が自分たちにも起こった話のように思えました。

先住猫は〝サヴィニャック〟という名前で、今回の猫ちゃんは、これからよいことがたくさん起こるように〝福〟と名付けました。

全国のたくさんの野良猫ちゃんたちに、温かく優しい家族が見つかるように、その助けになれるような絵を描きたいと思います』

その時のことを、ヒロミチイトさんは私に詳しく話してくれた。

それは、編集部から届いた原稿をヒロミチイトさんが読み終えた直後の、秋の日の夕暮れ時——。

彼が奥さんの鈴子さんと車で出かけていると、線路沿いの道路のど真ん中に猫がいるのが見えたという。弱っているのか動く気配がなく、走る車は猫を避けるようにスピードを落とし、その場をやり過ごしている。

「車止めて！　このままだと、ひかれちゃう！」

助手席にいた鈴子さんに言われ、彼が車を路肩に寄せると、同じように猫を心配したのか、別の車も停まり、中から女性が降りてきた。


すると、その気配に気づいた猫がよろよろと立ち上がり、線路に向かってフラフラと道路を横断し始めた。

「そっちはダメ！　危ないよ」鈴子さんが叫んだが、そんな言葉が猫に届くはずもない。心配になって様子を見ていると、列車が猛スピードで走ってくるのが見えた。

「早く逃げて！　お願い！」

その瞬間、列車がガーっと音を立てて通り過ぎた。

その様子を直視できなかった二人は思わず目を伏せた。

そして、電車が通り過ぎた後、恐る恐る目を開けて線路に視線を向けると、猫がいない……。無事渡り切ったようだ。


二人がホッと大きなため息をついていると、近くにいたおじさんが「猫なら土手の方へ行ったよ」と線路を挟んだ反対側の土手の方を指さした。

その方向に目をやると、とぼとぼと歩く猫の後ろ姿が目に入った。

「この先をまっすぐ行ったところに線路の向こうの道路に出られる道がある。そこをUターンしたら、土手の方に行けるけど」と、おじさんが親切に教えてくれた。

どうしたものか……。二人は再び車で走り出したが、どうも気になる。

「すっごく痩せてたね……」

「うん。今にも死にそうな感じ……。大丈夫かな……」

「気になるね！」

「うん、気になる！」

「よし、行ってみよう！」

おじさんに教えられた道で車をUターンさせ、線路沿いの土手の方に向かってゆっくりと走っていくと、よろよろと歩いていた猫が目に入った。

「いた！」

鈴子さんが車を降りて猫に近づいた。しかし、迂闊に手出しはできない。人間慣れしていなければ、こちらが大怪我を負うからだ。

気をつけなければ……。鈴子さんはゆっくりと慎重に猫の後を追った。

「ネコちゃん、大丈夫よ」

鈴子さんが近づいて声をかけると、猫は一瞬よろよろと逃げたが、振り返って鈴子さんを見上げ「にゃー……」と鳴いた。

間違いなくこの目は、私に助けを求めている！　幼い頃から犬や猫と一緒に暮らしてきた鈴子さんは、そう直感した。

予想通り、猫はそれ以上、逃げなかった。

「よしよし、いい子だね」頭をなでてやると大人しくじっとしている。これなら抱っこをできそうだ。

鈴子さんは、そっと手を伸ばし、猫を捕まえた。まるで綿菓子のような軽さで、飼っているサヴィニャックの半分くらいの体重しかない。

鈴子さんがそのますぐに車に乗せると、猫は安心したかのように、鈴子さんの足元で丸まり、喉をゴロゴロと鳴らしている。

保護した以上は、この子を守らなくてはならない。弱っている猫を心配した二人は、予定を変更して、最寄りの動物病院を探し、診察をしてもらうことにした。

病院で餌を買い、診察の順番を待っている間に車の中で餌を与えると、猫はそれをむさぼるように平らげた。よほどお腹が減っていたのだろう。

お腹が満たされると、鈴子さんの膝に両手をかけ、「にゃー……」と鳴いた。

ありがとうと伝えたかったのか、そのまま鈴子さんの膝に上り、彼女の両腕に顔を

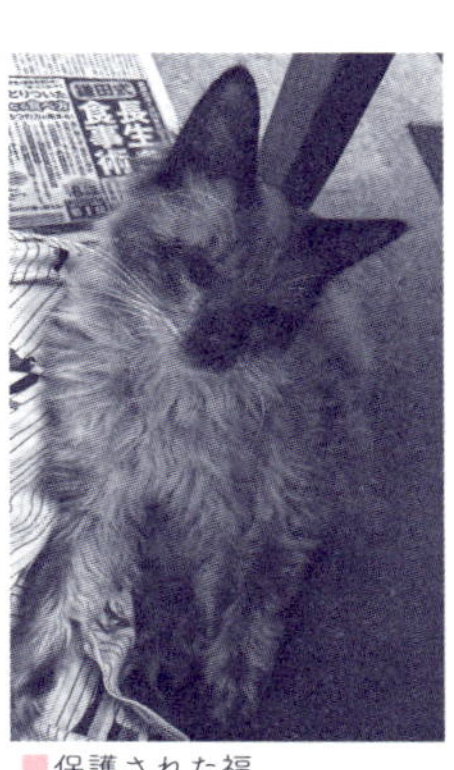

保護された福

うずめてゴロゴロと喉を鳴らし続けている。ずいぶん人懐っこい猫だ。

「お礼を言っているのかな。お礼なんていいよ。いっぱい食べて早く元気になりなよ。ね、もう安心していいんだよ」

その後の診察で、猫を診た獣医師は「体重が2・1kgしかありません。餓死レベルですね。それにウイルス性の風邪もひいています。もう少し遅かったら、間違いなく死んでいましたよ。よく助けてあげましたね」と心配そうに見ている二人に労いの言葉をかけた。

何はともあれ、これから栄養補給して病気が治れば、元気に過ごすことができそうだ。

「人懐っこいから餌付けされてたのかな？」

ヒロミチイトさんが言った。

「ノミもダニもいないし、耳の中も汚れてないいし、肉球もぷにょぷにょ。捨てられたか、迷い猫……？」

鈴子さんが応えた。

鈴子さんがよくよくスマートフォンで調べてみると、猫はラグドールという純血種のようだった。

「どうしてペットショップで売られているような猫が、こんな状態で路上にいたのかなあ」

鈴子さんが、独り言のようにつぶやくと、獣医師が「うーん……、顎の形が少し変形していますね」と言った。

それは、血統書付きの純血種の猫としては規格外で売り物にならないことを意味していた。

年齢は歯の状態から見て、推定3歳。まだ若い。

「もしかしたら、売り物にならないから捨てちゃったのかな……」

本当のことはわからない。飼われていたけれど、何かがあったのかもしれない。

「名前、何にしようか？」

「これからいいことがいっぱいあるように……『福』！」

ヒロミチイトさん夫妻に救われた福は、今、とても元気になっている。


この出来事を聞いた私は、ななと福の境遇が似ていると感じだ。

保護当時、ななも福も体重約２kgで、餓死寸前で保護されたこと。病気を抱えていたこと。そして何より、まるでその人を選んだかのように保護されたことだ。

福も、ななと同じようにヒロミチイトさん夫妻を選んだのだと私は思う。

もし、誰でも簡単に保護できる猫であれば、あんな状態になるまで放浪するはずがない。福は助けを求める人を選ぶことで、餓死寸前だった自分の運命を賭けたのだろう。

ななも福も、動物的直感で自分の命を繋ぐことができたのだ。

命を捨てるのも人間だが、救うことができるのも人間だ。ジョアンが保護したルー

クスもそうだが、一度、人間に捨てられた保護犬や保護猫は、私たち人間の〝心の色〟が見抜えるのかもしれない。

この話を廣瀬章宏さんに伝えると、彼は自分のことのように大喜びしていた。

ヒロミチイトさんが手がけてくれた著書『ななちゃんは、みんなのねこ』（岩崎書店※3）は、廣瀬章宏さん、ヒロミチイトさん、そして私の思いをのせて、間もなく刊行となる――。

保護犬・保護猫が教えてくれたこと

もしも、犬や猫が飼い主を選ぶとしたら、彼らは誰を選ぶだろうか――？

私たち人間は、心に色を持っている。あなたは、どんな色の心を持っているだろう？

犬や猫は、間違いなくその答えを知っているはずだ。

※3　2025年5月刊行予定

エピローグ 保護犬たちの魔法よ、永遠に

本書で紹介したエピソードは、どれも私が親しくお付き合いしている人たちの興味深い話だが、このような保護犬・保護猫にまつわる逸話は、世の中にたくさん溢れているのだと思う。

もし、保護犬たちと出会わなければ、まったく違う人生を歩むことになっていた人も多々いるだろう。それだけに、保護犬・保護猫と関わってきた人たちは〝縁〟というものに特別な思い入れがある。私もその一人だ。

プロジェクト・プーチのジョアン・ダルトンに出会っていなければ、間違いなく未来は、私の家族にはなっていなかった。

そして未来がいなければ、動物病院のヒロシ先生やミチヨさんとも、一飼い主としての付き合いだけで、深く関わることはきっとなかった。

片岡純子さん夫妻も同じだ。純子さんは、未来を保護した藤田麻里子さんの知り合いで、未来が飼い主を募集している時から、どんな飼い主が未来を引き取るのかずっと気がかりで、麻里子さんのブログを始終見ていたと言う。その縁から私は片岡夫妻と知り合いになり、その後はチビ子が保護された住宅街に私たち夫婦も移り住んで、いい友人関係に至っている。

我が家のきららがうちの家族となったのも、未来の子育て見たさだった。

そして、きららを産んだネリを通して、大崎彰子さんとも親しくなった。

廣瀬章宏さんと出会ったのも、銀座の書店で開催した未来の〝命の授業〟に、彼が来てくれたのが出会ったきっかけだ。

こうして保護犬・保護猫を通して、飼い主同士も多くの縁で繋がっていく。そしてその縁は決まって極上の良縁だ。まさに保護犬・保護猫マジックではないだろうか？

未来が私にとって運命の犬だったように、保護犬と暮らす人たちにも運命の犬や猫との出会いがある。それがどれほど私たちの生き様に影響を及ぼすのか、本書のエピソードを読んでいただければ、一目瞭然だろう。

彼らの存在は、あまりにも偉大で、あまりにも愛しい。しかし、別れは確実にやってくる。

本書のエピソードの犬や猫たちも、それぞれが飼い主さんに大切に看取られ、天国に旅立っていった。

そして、私の愛犬・未来も、である。

2023年2月16日。その日の未来はいつもと全く変わりはなかった。

すでに認知症を患ってはいたが、元気で、外を散歩し、朝夕のご飯も完食して、夜はいつものようにダンナの腕枕で眠りについた。その2時間後、未来は眠ったまま天国にお引っ越ししたのである。

17歳と7カ月——。その死に様は実に潔く、神々しく、私たちの中に悲しみすら残さなかった。

翌日のお別れには、未来を保護してくれた藤田麻里子さんが未来に会いに来てくれた。未来を家族に迎えて、私と麻里子さんも17年以上という長きに渡り、友好関係を保ってきたのだ。

麻里子さんは、最期のお別れの時にこういった。

「今西さん、本当にありがとうね」

その時の一言で、私は悟った。

障がいを負っていた未来を並々ならぬ決意で救ってくれた彼女への本当の恩返しは、今のこの瞬間なのだと……。

命が尽きるその時まで、未来を幸せにすること。そして何より、その命をこの手で看取ることこそが、麻里子さんをはじめ、すべての保護ボランティアが、譲渡先の飼い主に求めていることではないだろうか。

麻里子さんがいなければ、未来は17年前に殺処分となっていた。17年前に未来を救った彼女が、17年後に飼い主の私と一緒に未来を天国に見送ることができるとは、なんて素敵な関係なんだろうと、私はこの出会いに心から感謝した。

お別れには、動物病院のミチヨさん、片岡純子さん・弘幸さん、廣瀬章宏さんや未来が授業で訪れた学校の先生方、未来の本を担当してくださった編集者さんなど、多くの人が我が家に訪れてくれた。ヒロミチイトさんやその他大勢の人たちからのお花も次々と届き、未来の亡がらの周りは数えきれないほどの花で埋め尽くされた。

みな、未来が縁を繋いでくれた人たちからの、心のこもった献花だった。

その後、未来の葬儀が無事終わり、未来が仏様となる四十九日法要をしてくれた尼さんがこんな話をしてくれた。

「未来ちゃんは、日々、天国で修業をしています」

その話を聞いた私は「えー！　あんなに生きている時に人間のために尽くしたのに、天国でも修業をするのか！」と思わず言いたくなった。

すると尼さんは、そんな私の心を見透かしたようにこう言った。

「未来ちゃんは、お父さん・お母さん（飼い主）が元気で幸せに暮らせるように天国で修業するのです。でも、お父さん・お母さんが毎日元気に笑顔で暮らして、周りの人を幸せにしていたら、未来ちゃんは修業せず、ゆっくり過ごすことができるんですよ」

尼さんの言葉は、まさに未来の命の授業の言葉そのものだった。

よし！　愛犬・未来のために、これからの人生、人のためになる行いをしよう！

私たちが誰かを幸せにできれば、天国にいる未来も「修業をサボタージュ」できるのである（笑）。未来が幸せなら、私たちもうんと幸せだ。

未来が天国でのんびりと偉そうにふんぞり返って寝ている姿を想像して、私は思わず笑ってしまった。俄然やる気が出るではないか！

説法が終わると「未来ちゃん、安心して蓮の花に乗って天国におかえりなさいね」

と尼さんが言った。

その言葉を合図に目を閉じて合掌すると、ピンクの蓮の花にチョコンと乗った未来が瞼に浮かんできた。私はその姿に〝蓮の五徳〟を思い出していた。

〝蓮の五徳〟とは、仏教における人の在り方を説いた〝5つの徳〟のことだ。

その1つ目の徳が〝汚泥不染（おでいふぜん）〟。

蓮は泥の中できれいな花を咲かせる。つまり苦境の中にあってもきれいな心は保てるという意味だ。

未来の生い立ちは悲惨でまさに泥の中からのスタートだ。しかし、その後は多くの子どもたちに光を届ける使命を持ったピカピカの花となり、最期は天寿全うと、潔く散っていった。

未来だけではない。多くの保護犬・保護猫も泥の中のスタートから始まり、飼い主たちの愛によってピカピカの命へと変身していく。その華麗なる変身を誘うのは私たち人間の〝心〟でしかない。

2つ目の徳は〝一茎一花（いっけいいっか）〟。

蓮は1つの茎に対して、1つの花しか咲かせない。これは〝唯一無二〟という意味だ。未来も、このエピソードに出てくる犬や猫たちも、みな同じだ。ほかに代わることなどできない、唯一無二の存在なのである。


3つ目の徳は〝花果同時（かかどうじ）〟。

蓮の花は開花と同時に、種（果）もできている。すなわち、私たち人間は生まれた時から誰しも優しい心を持っている。そして、その心をさらに育てることが大切だという意味だ。

私たち、保護犬・保護猫に携わった人間は、このことを犬や猫から教えてもらったのではないだろうか？

少なくとも私は、未来という犬に出会い、自分の中にあるやさしさに出会えたと思っている。

4つ目の徳は〝一花多果（いっかたか）〟。

蓮の花からは多くの種（果）が実る。それは〝多くの人の幸せ〟を意味している。

一人の人間がやさしい気持ちを持てば、その気持ちは多くの人に伝播する。保護犬を通して繋がった縁は、まさに人同士のやさしさの伝播だったと思う。

そして我が家の未来も、命の授業を通して、子どもたちに次々とやさしさを伝播させていったのである。

最後の5つ目の徳は〝中虚外直（ちゅうこげちょく）〟。

蓮の花は固くまっすぐ伸びているが、中は空洞だ。これは自我や欲を捨てて、他のために心を砕きましょうという意味。

保護犬や保護猫と関わった人たちは、犬猫たちの心の壁がいかに大きくても、彼らの幸せのために苦難に挑む人たちだ。

だからこそ、人としても大きく成長できる。

どうだろう――。

私たち人間は、時に言葉など何の意味もなさない、不思議な力に左右されることがある。

保護犬・保護猫たちの魔法もそんな不思議な力の1つだ。

その力は、人としての心の成長を無限大に促してくれる。そしてそれは、保護犬・保護猫がもたらす不思議な力であり、たしかに存在する大きな力なのである――。

未来との出会いをくれたジョアン・ダルトンのルーフスは、その後ジョアンのもとで信頼関係を見事に回復し、彼女の側で13歳の生涯を安らかに閉じた。

23年前に少年院で出会ったネートは、今もジョアンとの繋がりを持ちながら、個人で事業を開始し、一家の主として日々懸命に働いているという。

私は、未来亡き後も命の授業を続け、未来のメッセージを今でも多くの子どもたちに届けている。未来の命の授業は、開始から今年で19年を迎える——。
未来が残した心の財産は、とてつもなく大きい。
そして、その財産は確実に子どもたちの中で増え続け、大きな種を蒔くのである。

たかが犬、されど犬——。
たかが猫、されど猫——。
保護犬や保護猫たちが私たちを魅了し続ける理由は、そこにある——。

桜の前で笑顔を見せる未来

あとがきにかえて――

本書を書き終えて、思うことがある。

それは私たち飼い主が、保護犬・保護猫と家族として関わってきた十数年という年月の重さである。

原稿に書き起こしてしまえば、これだけの文字数で収まってしまうものの、この年月の中には、保護犬と関わってきた私たち飼い主の思いが、どれほど多く詰まっているのだろう。

犬や猫の命の営みの中で、彼らと飼い主との信頼関係が一つ、また一つ、コツコツと積み木を積むように時間を経て出来上がっていく様子が、今さらながら頭の中でまざまざと思い起こされた。

せっかく積み上げた積み木が崩れ落ち、上手くいかないこともある。

保護犬や保護猫は、バックグラウンドがわからないため、信頼関係の構築は試行錯誤の連続だ。

それでも私たちが、彼らと暮らしたいと思うのは、「生きたい」と願う、彼らの命に対する美しいまでの執着を見たからだ。

その受け皿として、飼い主は今度こそ彼らを幸せにしなければならない。その使命感と意地が、信頼関係の構築をさらに大きく促していく。

実は、保護犬・保護猫たちは、こうして私たち飼い主を試しているのである。そんな気がしてならない。

そして、飼い主たちが彼らの満足の域に達した瞬間、すべての氷が解け切った春のような心地よさと鋼のような絆を、彼らは私たちにもたらしてくれるのだ。

彼らは声なき声で、常に私たちに語りかけている。その心の声に耳を傾ければ、誰もが気づくことだろう。

与えられるより、与えることの喜びが何十倍も大きいのだということを。

そして、その命の最期を見届けた瞬間には、もっと、大切なことに気づくことだろう。

与えていたつもりが、実は彼らに与えられ続けていたのだということを……。

本書を通して、保護犬や保護猫と暮らした私たち飼い主のメッセージが、読者の皆さんの心に深く届くことを願ってやまない。

また、保護犬・保護猫との暮らしをまだ経験されたことがない方々にも、ぜひ第2の人（犬・猫）生であるセカンドチャンスを求める犬や猫たちに、興味を持っていただけたらと思う。

なお、何より心しておくことは、まず与えるべきは彼らを迎えた私たち飼い主であり、犬や猫から与えられることを真っ先に望んではならないということだ。
そして本当に幸せな社会とは、捨てられる命がなくなり、保護犬・保護猫がいなくなること。保護犬・保護猫ボランティアが必要なくなる社会なのだろうと私は思う。

2025年3月吉日

今西乃子

著者

今西乃子（いまにし・のりこ）

児童文学作家、公益財団法人 日本動物愛護協会常任理事、日本児童文学者協会会員

2000年に出版した『国境をこえた子どもたち』（あかね書房）の第48回産経児童出版文化賞推薦受賞をきっかけに、児童文学作家として活動を開始。
2冊目となる『ドッグ・シェルター』（金の星社）では、第36回日本児童文学者協会新人賞を受賞した。『命の境界線』（合同出版）では、令和5年度児童福祉文化財推薦受賞。
主な著書に、愛犬・未来ときららを描き続けた「捨て犬・未来&きららシリーズ」（岩作書店）や『犬のハナコのおいしゃさん』（WAVE出版）など、多数。

執筆の傍ら、亡き愛犬・未来をテーマにした「命の授業」を展開。その数は2024年に300箇所を超えた。

写真

浜田 一男（はまだ・かずお）

写真家

東京写真専門学校（現 東京ビジュアルアルアーツ） 卒業。広告専門スタジオでのアシスタントを経て、1984年に独立。1990年に写真事務所を設立。
第21回 日本広告写真協会（APA）展入選。ホンダ技研工業の新車開発PR及びR&Dの撮影を担当。その他企業のPR撮影のほか、ベネッセコーポレーション『いぬのきのち』『ねこのきもち』創刊にも携わる。

写真展「Flowers」に加え、犬と猫の写真を展示する「小さな命の写真展」を2010年から全国各地で実施している。

※本書では、下記ページ以外すべての写真を担当。

ブックデザイン　沢田 幸平（happeace）
イラスト　てらおか なつみ
写真協力　Joan Dalton（P.49、50、53、54）、藤田 麻里子（P.57）、田口 美千代（P.89、102、106）、片岡 純子（P.146、152、154）、押切 千夏（P.186）、大﨑 彰子（P.204、215、216）、廣瀬 章宏（P.232、238、244、254、265）、ヒロミチイト（P.276）
DTP　Sun Fuerza
校正　吉田智子
編集　稲垣ひろみ（WAVE出版）

保護犬と、保護猫と。

必然の出会いで結ばれた物語

2025年3月27日　第1版第1刷発行

発行所　株式会社 WAVE出版
〒136-0082 東京都江東区新木場1-18-11
MAIL　info@wave-publishers.co.jp
https://www.wave-publishers.co.jp/

印刷・製本　ベクトル印刷株式会社

©Noriko Imanishi, kazuo hamada 2025 Printed in Japan
落丁・乱丁本は送料小社負担にてお取り替えいたします。本書の無断複写・複製・転載を禁じます。
NDC916 296p 19cm
ISBN978-4-86621-519-8